U0245986

传膳啦！

袁灿兴——著

明朝篇

中信出版集团 | 北京

图书在版编目（CIP）数据

传膳啦！．明朝篇 / 袁灿兴著．—北京：中信出
版社，2019.9（2019.11 重印）
　　ISBN 978-7-5217-0978-0

　　I.① 传… II.① 袁… III.① 宫廷御膳 – 文化史 – 中
国 – 明代 IV.① TS971.2

中国版本图书馆 CIP 数据核字（2019）第 186061 号

传膳啦！（明朝篇）

著　　者：袁灿兴
出版发行：中信出版集团股份有限公司
　　　　　（北京市朝阳区惠新东街甲 4 号富盛大厦 2 座　邮编　100029）
承 印 者：中国电影出版社印刷厂

开　　本：880mm×1230mm　1/32　　印　张：8.5　　字　数：118 千字
版　　次：2019 年 9 月第 1 版　　　　印　次：2019 年 11 月第 2 次印刷
广告经营许可证：京朝工商广字第 8087 号
书　　号：ISBN 978-7-5217-0978-0
定　　价：45.00 元

号字老华中

前言

　　民以食为天，吃，是中国人日常生活的核心。中国传统社会中，能吃饱，是无数人的梦想。民众往往辛苦劳作，却不得一饱，更不要奢谈吃好了。

　　在传统社会中，要吃口饭，是如此不易。这需要老天垂恩，风调雨顺，有所产出；这需要圣王垂恩，与民休息，降低税赋；这需要政府抑制豪强，控制兼并。假设这一切都能做到，中国农民仍面临着一个最大的问题，那就是不断增长的人口数量与有限土地之间的矛盾，这是无法克服的矛盾。

　　这矛盾，便表现为中国历代王朝的周期兴亡率。王朝末期，农民起义，不断残杀，消耗掉过剩的人口，随后新的王朝建立，默默等待下一个轮回。吃，关系到千家万户，历代王朝也意识到吃的重要性，各种重农措施被推行，以保证民众能吃饱，如果有可能的话，再吃好。

明代开国皇帝朱元璋出身贫寒，饱尝生活的艰辛，深知农民的疾苦。就重农政策的推行，他是历代帝王中最突出者。朱元璋执政伊始就推行轻徭薄赋政策，洪武元年他曾下令："不急之务，浮泛之役，皆罢之。"为了防止劳役扰民，他禁止各地在农忙时节大兴土木，官吏无事不得下乡扰民。

万千辛苦劳作的民众，则遥望深宫大内，遐想着，那里的皇帝，一定是每天能吃上美味的肉吧！皇帝吃什么，从古到今，一直让人们好奇。在明清两代的诸多小说中，凡描写皇帝的宴饮，往往是龙肝凤髓，山珍海味。可真的如此吗？

就明代宫廷而言，皇帝的日常饮食，既有山珍海味，也有民间日常食物。朱元璋要求后世子孙必须接地气，通民情，故而各种民间菜肴如豆腐、马齿苋之类也出现在皇宫大内。在宋代，羊肉是宫廷宴饮的主角，而"贵羊贱猪"的饮食习俗在明代被扭转，平民化的猪肉取代了羊肉，成为餐桌的主角。乃至于往昔君子不吃的猪肠，也在明代宫廷的餐桌上出现。明代宫廷在饮食上是博采众长，既有来自塞外的黄鼠，又有海滨的蛤蜊、海参。与清代相比较，明代的宫廷饮食就相对丰富，山珍海味之类出现得更频繁。

作为皇帝，享有各种特权，全国各地的美味，照例是要送一份给皇帝品尝的。宫廷的菜单中，有着各种山珍海味，如天花菜、鳗鱼等。明熹宗最爱吃云南鸡枞，每年采摘之后，快马将鸡枞从云南运送到京师，连皇后都不让尝一口。

皇帝时常会设下宴席，招待大臣们。皇室的宴席，象征意义大于实际意义，光禄寺烹制的宫廷宴席上，有按酒，也就是下酒菜；有各种"割切"，也就是烤鹅、烤鸭之类，由厨师分割了食用。宴席上，还有蒙古人传下来的羊肉饭、马肉饭等。在重要的场合，贵宾还可以得享"羊背皮"，这也是蒙古人留下的大菜。皇帝经筵日讲[1]之后，要请帝师们吃饭，惯例要说上一句："先生们吃酒饭。"

每个皇帝均有各自的口味与爱好，如喜欢修仙的嘉靖帝，口口声声说要食素。为此嘉靖帝派出特使，至全国各地寻访

---

1 经筵日讲：汉唐以来，帝王为讲论经史而特设的御前讲席。此制在明代尤受
重视。（以下注释除特别标注，均为编者注）

五色芝。可当有官员申请，撤去鱼鲊进贡时，嘉靖帝却又不同意，修仙的嘴巴，也要遍尝人间美味。天启帝这个顽劣不堪的皇帝，喜食各种海鲜，而他的口味，也只有乳母客氏能把握。在大明王朝的最后关头，焦头烂额之际，崇祯帝不得不靠鹅、燕窝，来滋补调养，降下火气，以期挽回大明王朝的颓势。

宫廷的御膳，不单单是皇家的吃喝，它更是历史的一个重要组成部分。皇帝的吃喝，既关系到皇帝本身的健康，更是施行统治的重要部分。吃之中，包含了礼，包含了等级制度，包含了皇帝的各种考虑。故而本书不单单是一本宫廷美食书籍，更是从饮食的角度，去考察明代历史。

目
录

第一章

帝王饮食细精调

○ 马皇后炊饼暖心

○ 英宗的草原饮食

○ 光禄寺的赐宴

○ 老太家膳累天下

○ 崇祯的一次早膳

马皇后炊饼暖心

元天历元年（1328）九月十八日子丑，一个注定不平凡的婴儿出生，他就是朱元璋。

朱元璋最初名叫重八，其父名五四（后改名世珍），由江东句容一路迁至濠州钟离县（今安徽凤阳）。本分老实的朱五四，在租佃的土地上辛勤耕作了一辈子，却未能改变命运，一贫如洗，生活艰辛。朱五四生有四子二女，朱重八是子女中最小的一个。由于家境困难，重八小时就去帮大户人家放牛。

元至正四年（1344），天灾频起，各地灾民，揭竿而起。此年朱重八的父母、长兄，在贫病饥饿中先后去世。为求生路，朱家还活着的人各奔他乡，二兄朱重六死在逃荒的路上。经过邻里汪大娘介绍，十七岁的朱元璋于九月进入皇觉寺为僧，好混口饭吃。

两月之后，寺庙将所有僧人外放出去化缘，此后朱重八在江淮各地漂泊了三年，历经艰辛，又回寺为僧。至正十二年（1352），皇觉寺被毁，朱元璋再次出来闯荡，不想竟闯出了一番新天地。此年闰三月初一，朱元璋至濠州投军，为郭子兴所赏识。郭子兴见"上状貌奇伟，异常人"，将养女马氏嫁给朱元璋，这就是后来的马皇后。不到一年，如得天助的朱元璋，便成了郭子兴的心腹大将。

至正十四年（1354），朱元璋势力发展壮大，定下了发展战略，先夺取金陵，后争夺天下。至正十六年（1356）三月，朱元璋夺取了金陵。短短四年间，昔日的放牛娃、穷僧人，便雄霸一方，已有问鼎九五之势。崛起之后，"重八"这个土名字被改为元璋，字国瑞。

在中国历代王朝之中，朱元璋的大明王朝，得天下可为最正。起自民间，经历无数艰辛的朱元璋，也知晓民间困苦。

吴元年[1]（1367）五月，天久不雨。往时宫中所需蔬茹酱醋之类，均由宫外供给，此后由内廷制作，以免烦扰民间。到了六月，天仍然久旱无雨，朱元璋减少膳食，且开始食素，并在宫中推行。皇帝的诚心，总算在这个月换来了甘露，大

---

1 吴元年：为朱元璋初期在南京称吴国公时所用年号。

雨之后，群臣请朱元璋恢复膳食如初。朱元璋认为"今虽得雨，但田野中的庄稼损失很多，欲弭天灾，更当严格约束，诚以爱民，庶可答天之眷"，此后继续食素。不但朱元璋如此，妻子马氏也如此，每遇灾荒年月，马氏以麦饭野蔬为食。

朱元璋一统天下后，大力清除元代影响，穿着、出行、房屋，无不更易，乃至吃饭习俗也被影响。唐代的壁画中，进餐时筷子是横放的。到了明代，则改为竖放，约是朱元璋觉得，横放筷子是游牧民族进餐的一种方式。深受大唐影响的日本，直到今日还是采用筷子横放的方式。

洪武三年（1370）八月，礼部尚书陶凯等上奏云，古时君王进膳，每餐必奏乐。礼部设计了一套礼乐配合下的皇帝就餐仪式：卫指挥使领甲士列于两侧；光禄寺卿率其属下，以黄纱罩住所进膳食，由中道入；仪銮使率其属下，以黄盖覆之，以金盆罐随入；教坊司官奏乐，太监执香炉、香盒、唾盂、唾壶、拂子诸物列于左右。皇帝至东西耳房及两庑进膳时，则不奏乐。

对这套进餐仪式，朱元璋的回复很简单："前方大军还在打仗，征发的民夫还在运输粮草，享受、排场这种事，等天下太平了再说吧。"朱元璋之后，明代皇帝用膳时的排场，御膳的奢华，礼节的烦琐，却不是太祖朱元璋所能想象了。

朱元璋在饮食上很是节制，在饮酒上，罕见记录，不过他劝酒的功夫倒是不错。洪武十年（1377）正月，六十八岁的翰林学士宋濂致仕。朱元璋称赞他："非止君子，抑可谓贤矣。"当夜宴饮，朱元璋大力劝酒，至三觞，宋濂大醉，迈不开步，朱元璋大乐。宋濂晚年，因为长孙牵涉胡惟庸案，被押到京师，判处死刑。马皇后向朱元璋再三求情，朱元璋方饶了宋濂一命，改为流放茂州。

在民间故事中，朱元璋呈现两种极端的形象。有传说云，朱元璋节省至极，弄出了四菜一汤。他最为崇敬的马皇后过生日时，他只让御膳房做了四道素菜，炒萝卜丁、炒韭菜、炒青菜和豆腐汤。民间又有传说，朱元璋表面上简朴，实际上极为奢侈。后世却有传说，朱元璋所食豆腐，乃是以百鸟之脑制成，这又是民间的想象。在民间的想象中，皇帝的膳食要么奢华到了极点，要么简朴到了极点，这都不是历史的真相。

朱元璋一生，无声色犬马之好，绝游猎之娱。谈迁云："上斥侈靡，绝游幸，却异味，罢膳乐，泊然无所好。"在饮食上，他绝不是挑剔的人，坐拥天下之后，他没有过度奢华，他很节省，但还不至于到每餐食素这样的地步。他曾对三儿子晋王朱㭎道："在人上者，于饮食必重其事，而精调之。"高居于上的君王，必须重视饮食，精调饮食。

在朱元璋、朱棣时期，饭菜的数量一般，质量却好。《南京光禄寺志》记录，洪武十七年（1384）六月，朱元璋早膳可选择的饭菜有十二道，午膳有二十道。如早膳，计有羊肉炒煎、烂拖齑鹅、猪肉炒黄菜、素熻插清汁、蒸猪蹄肚、两熟煎鲜鱼、炉熿肉、箸子面、撺鸡软脱汤、香米饭、豆汤、泡茶等。将菜单中的四菜与一汤随意组合，都是不错的伙食。

马皇后与朱元璋患难与共，感情深厚。当年郭子兴一度猜忌朱元璋，将他软禁，断绝饮食。马氏偷偷去给他送食物，因为将滚烫的炊饼放在胸前，将胸口烫红。称帝之后，朱元璋念念不忘妻子当年送的炊饼，认为堪比汉光武帝蒙难时，冯异所献的芜蒌亭豆粥、滹沱河麦饭，可千古传芳。

中国古代的饼，是用米和麦磨成粉，加水制成。饼有多种，放在火上烤出来的，就是烧饼；放在水里煮的，称汤饼；用笼子蒸的，就是蒸饼。饼中的蒸饼，开始是死面，呈扁平形；后来学会发面了，慢慢地变成圆形，这就是馒头。宋代，因为宋仁宗大名赵祯，为了避讳，蒸饼改称炊饼[1]。

明代的文人胆子颇大，敢拿太祖开涮。《翦胜纪闻》中云，朱元璋御膳，必要马皇后烹饪后亲自端上。一日进羹，

1《水浒传》中武大郎卖的炊饼，也就是变了名称的馒头。饼放在炉内烧烤，才称为烧饼。烧饼制作时，撒上几个胡麻，就变成胡饼了。

朱元璋吃了不满意，将碗摔了，碎片划破马皇后后颈，马皇后不动声色，收拾后重新进上。这种浪荡子打老婆的说法，让很多士人看不下去，云："太祖何等敬慎，马皇后何等庄重，而狠渎不伦至此。"

之所以云马皇后供膳，却是将供御膳与奉先殿祭祀搞混了。洪武四年（1371）二月，奉先殿落成，马皇后率妃嫔办理荐新食品，遂有马皇后办膳之说。朱元璋发达之后的饭菜，却不是马皇后烹调，而有专门厨师精调，徐兴祖就是他最喜欢的厨师。

朱元璋认为，帝王的饮食，首先要交给忠勤慎德之人，其次必须是精于烹调者，他曾道："且帝王之饮食，非精于烹调者，孰敢易为之？"徐兴祖家族世代以烹调为业，精于烹饪，朱元璋夸赞他："其于五味之施，皆无过不及，可谓能矣、善矣。"

洪武三年（1370），十二岁的朱㭎被封为晋王，封地在山西太原。洪武十一年（1378），朱㭎前往太原就藩，为了照顾儿子，朱元璋特命为自己服务了二十三年的徐兴祖，随晋王同去。不想途中，晋王鞭打徐兴祖。不但鞭打徐兴祖，到了太原之后，朱㭎时常虐打属下，被朱元璋屡次训斥，一度准备将其治罪。

朱元璋给儿子讲了一番道理，厨役地位虽低，但掌握的是贵人的饮食，轻易不可得罪。对于厨役犯事，朱元璋的态度是，大过谨慎处理，小错则忽略不计，如果犯了罪，则必须抛弃不用。

对于厨师的小过，有个故事最生动。一次朱元璋发现，自己的御膳中有根头发，就召光禄寺卿询问。光禄寺卿也不怕，就说这是龙须也。朱元璋一笑，捋了捋胡须，掉下两根，落在饭菜中，道："汝可去也。"

从洪武十七年（1384）的一份膳食单中，仍可以看出，徐兴祖烹制的菜肴精美而入味。如午膳，计有胡椒醋鲜虾、烧鹅、火贲羊头蹄、鹅肉巴子（肉干）、咸豉芥末羊肚盘、蒜醋白血汤、五味蒸鸡、元汁羊骨头、糊辣醋腰子、蒸鲜鱼、五味蒸面筋、羊肉水晶饺、丝鹅粉汤、三鲜汤、绿豆棋子面、椒末羊肉、香米饭、蒜酪、豆汤、泡茶等，不可谓不丰盛。徐兴祖凭厨役而升光禄寺卿，在光禄寺卿任上，他办御膳极为用心，深得朱元璋信赖。洪武中期，徐兴祖致仕时，朱元璋特赐白金一百两，钞一百锭。

朱元璋道："吾平昔甚不忍于事，于操膳，切记忍之，保命也。"朱元璋之后，光禄寺所办的伙食越发难吃，皇帝就让最亲信的太监来办理伙食。太监们厨艺一般，只好将口味加重，于是出现了重口味的明代宫廷菜。至于办理御膳的太监们，也是皇帝轻易不敢得罪的，"为保命也"。

直至今日，厨师仍是不可轻易得罪的人物。某年在某地抱怨炒的菜口味太咸了，胖厨师听到了，顾不得自己正在切菜，提了菜刀急忙跑到桌前问道："咸了？"满桌都堆出笑脸，异口同声地说"不咸"，然后买了单，狂奔而去。

英宗的草原饮食

塞外的云懒散地飘浮，天空蓝得刺眼，风挟着青草的气息吹来。一名穿着羊皮袄的青年，看着蓝天草原，却掩饰不住满腔的抑郁。这个男人是大明王朝的皇帝朱祁镇。

正统十四年（1449）八月，在太监王振的怂恿下，二十三岁的朱祁镇御驾亲征，结果大军在土木堡被蒙古瓦剌部击溃，自己也做了俘虏。对于被俘的情形，明代史书的记载是，八月十五日，面对着汹涌而来的蒙古骑兵，朱祁镇席地面南而坐，丝毫不惧，虽刀箭不能侵。一时之间，蒙古骑兵都惊叹为神。

蒙古一方的记载则是，朱祁镇躲在"坑"中——也就是地窖，被蒙古士兵拽了出来，他身边的宦官、虎贲[1]、文臣，都被箭雨射得如同刺猬一般。想他若席地而坐，不死才怪，因此蒙古一方的记载更为可靠。朱祁镇被拽出来后，蒙古士兵急火火地剥去他的衣甲，发现他衣着华丽，与众不同。蒙古士兵知道这是个大人物，赶紧报告给也先的弟弟伯颜帖木儿。

八月十六日，锦衣卫校尉袁彬遥遥看见一群蒙古人在高岗之上围着朱祁镇，皇帝坐在地上，狼狈不堪，他不禁心中一悲，号啕大哭。这哭声嘹亮，朱祁镇都听见了，他将袁彬召唤了过来，询问他会不会写字。袁彬通晓文墨，朱祁镇随即令他缮写圣旨，进京讨要珍珠六托、九龙缎子、蟒服、金二百两、银四百两，赏给也先。名为赏赐，实则讨好，做了俘虏的皇帝，就好比待宰的羔羊。

抓到大明皇帝之后，也先大喜过望，驱驰着千百健儿，直奔北京。看着蒙古兵冲到北京城下，城内一片惊恐，群臣紧急扶持朱祁镇的弟弟朱祁钰登基，成为新皇帝，到底国不可一日无君。在于谦等大臣的布置下，北京城防如铁桶一般。既然北京无隙可乘，也先只好退兵，将朱祁镇当作筹码扣在手中，带他一同返回蒙古草原。然而，蒙古草原的粗犷生活却不是这位一贯锦衣玉食的皇帝能习惯的。

---

1 虎贲：军中骁勇善战的勇士。

被俘之时，朱祁镇极为狼狈，盔甲衣物被剥光，随身物品只剩下了个金龙绣枕头。中秋之后，塞外随即进入寒季，被俘的众人缺乏御寒衣服，冻得呼天叩地。朱祁镇被俘后，安置在伯颜帖木儿的部落中。也先对朱祁镇很是重视，中原皇帝做了俘虏，史上罕见。八月十九日，也先给皇帝送来了皮袄、铺盖。蒙古人穿肥大的长袍，以绳子束腰，既可保暖，又利于骑行。衣服皆窄袖，以方便草原上劳作征战。一般蒙古人的衣服以羊皮制成，部落头领以水獭、貂鼠、虎豹等动物皮制作衣服。

朱祁镇顾不上什么礼制，只要能御寒，蒙古人的衣服照样穿上。昔日锦绣龙袍身，当下皮袄笼中囚。不过问题也有，蒙古人的衣服虽能御寒，但制作粗陋，味道极重，怎么也不能和宫廷御用相比。后来利用使者返回京师的机会，朱祁镇让人带来貂裘等御寒衣服。不想衣服送到后，却被投靠也先的太监喜宁强行讨去。

到朱祁镇生日时，也先送了他一件黄蟒龙貂鼠皮袄御寒。也先还特意给朱祁镇弄了一名翻译，方便沟通。翻译哈铭是回族人，能说蒙古语。朱祁镇被俘时，哈铭正好出使蒙古，就被羁押下来，随侍在皇帝左右，每日帮忙沟通，照料饮食起居。

穿是问题，住也是难题。伯颜帖木儿专门送了一顶"窝儿帐房"给朱祁镇居住，这应该算是高档帐篷了，不过再高档，也不能与京师的条件相比。蒙古人的帐篷，房门朝东南，睡觉时不设床榻，牧民席地而卧，头向西睡。冬日寒冷时，常将犬羊放入帐篷取暖一起睡，"群然聚食于一幕，而主仆不分也"。

皇帝落难了还是皇帝，臣下遵循礼法，不得随意进出皇帝的帐篷。可没多久，臣子们一窝蜂地涌入帐篷，睡在毡子上帮皇帝取暖。大明王朝派来的使者看到，落难的皇帝竟然与蒙古人一样，在帐篷里"席地而寝"。

虽然也先、伯颜帖木儿有提供御寒衣物，馈赠"窝儿帐房"，可塞北的寒冷却不是朱祁镇能抵挡的。冻得受不了时，朱祁镇让手下陪自己一起睡，让他们抱住自己的双脚帮忙取暖。塞北的寒夜中，君臣五六人不分尊卑地挤在帐篷里，淌着清鼻涕，睡在一起相互取暖。哈铭睡得香时，一双大脚肆无忌惮地搁在皇帝胸口，皇帝也没有任何怨言。

穿着臭烘烘、羊皮四卷的袄子，形象与蒙古人并无区别的朱祁镇不无懊恼。哈铭看着皇帝不开心，特意将他母亲制作的白绢汗衫、底衣，送给他穿。朱祁镇让属下回京师沟通时，一定要给自己带来衣帽，好穿得斯文些，挽回点尊严。

倒也不是也先小气，不肯让朱祁镇吃好喝好住好穿好，蒙古人当时的生活就是如此。作为一部之长，也先的待遇，不过帐篷稍微宽敞些，酒稍微烈些，皮袄稍微暖和些而已。让他在大草原上，给朱祁镇弄道肥美的烧鹅，比他越过长城，逐鹿千里要难多了。

在食物上，也先倒是大度，每两天送来一只羊，每七天送来一头牛，供朱祁镇及随从的官员食用，此外还不时送来牛乳、马乳之类供其饮用。十一月廿一日是朱祁镇生日，也先跑来帮他庆祝生日，杀了一匹马，摆开宴席，热闹一番。也先每举办宴席时，都要将皇帝拉上作陪，"碗酪盂肉粗块长啜，亦更互相吹弹歌舞以为乐"。在一群不拘小节的粗壮蒙古人中，皇帝只能屈膝逢迎。

蒙古人的饮食相当粗陋，《北虏风俗》中记载，蒙古人的主要食物是马乳与肉食，"其食肉，类皆半熟"。蒙古人也以米面为辅食，如用肉汁煮粥，用面和马乳。米面等粮食的来源，一是与中原的贸易，二是蒙古地区汉人的耕种。米面只是在一定程度上弥补肉食的不足，并非主食。米面等食物在草原上仍属稀缺物品。哈铭四处寻找米面，所得甚少，皇帝不得不大口咀嚼着羊肉。到了次年七月份，大明出使蒙古的使者，送上了"大米数斗"，朱祁镇才不必忍受羊肉的腥膻味儿。

蒙古人口渴时就饮马乳，冬季寒冷时缺少马乳，就将提炼而成的奶酪，用热水融化后再饮用，其味腥膻无比。朱祁镇无法忍受蒙古人的马乳，嚷嚷着非要喝水。可皇帝身边缺人，昔日的大臣们都要喂马。虽然寻找水源费时费力，为了让皇帝解渴，臣子不得不在寒冷天气中四处寻水。袁彬去寻找水时，被蒙古士兵误以为他想要逃跑，遭到痛打，这让皇帝愧疚无比。哈铭四处奔走，总算找到了水源，将冰砸开取了水进上。

蒙古人总是在不断迁移，朱祁镇也不得不跟着走，寒风凄凄中，四处奔走的皇帝苦不堪言。哈铭向也先讨要了一辆车，一匹骆驼，让皇帝躲在里面避寒，"但行营，爷爷坐车内，将猫皮褥坐遮盖"。迁徙过程中，根据天气情况，朱祁镇或乘马，或坐暖车。

落魄的皇帝此时也开始学会体恤臣子，到底都是患难之人。袁彬因为找水被打，朱祁镇送去银两加以安慰。袁彬生病之后，朱祁镇亲自喂他喝粥。吃剩的食物则赏给了同样沦为俘虏的汉人。

在草原上的朱祁镇，此时已被尊为太上皇，他生怕弟弟贪图皇位，不肯让自己回京，向来到草原的大明使者吐露心声："如今虏人要和是实情，你每回去说，可将些衣服缎匹来与我做人情。（若能回去）着我守祖宗陵寝也好，着我做百姓也好。"落难皇帝心中所求，不过是中原平民的日常生活，粗茶淡饭而已。

伯颜帖木儿不时前来关心朱祁镇的生活，放鹰得了一只野鸡，就提了酒来陪朱祁镇解闷儿；又不时帮朱祁镇说好话，总算说动也先释放朱祁镇。在被囚禁了一年之后，也先答应释放朱祁镇。景泰元年（1450）八月初二，也先送了马匹、貂鼠皮，为朱祁镇饯行。返程途中，伯颜帖木儿一路护送，二人交情益深。八月十五日，朱祁镇返回京师，被送入南宫作为太上皇供养。此后几年，朱祁镇安心地过着隐居生活。虽然再无往日皇帝的风光，可怎么也比草原上的生活强上许多。

朱祁镇被软禁在小南城，一日夜间肚子饿了，索要酒食，光禄寺官员嫌他麻烦，不愿办给。浚县人张泽，在光禄寺担任小吏，他比较有远见，偷偷送去酒食。

景泰八年（1457），朱祁镇正在闭目养神时，突然紧闭的大门被猛地打开，臣子一拥而入，由于朱祁钰重病将死，臣子们重新拥立他为帝。复位之后，朱祁镇也不忘旧恩，不但封赏了袁彬、哈铭等人，还遣人去草原看望伯颜帖木儿的遗孀。再做皇帝后，在睡梦中，朱祁镇隐约回到了草原，梦里他裹着羊皮袄，大口吞嚼着牛羊肉。

朱祁镇复位之后，光禄寺官员皆被问罪，当日即拜张泽为光禄寺卿。

光禄寺的赐宴

光禄寺历史久远，跨越了漫长的发展历程。秦汉两代，称膳馐之官为"太官令"，"太官主膳食"，汉武帝太初元年（前104），改名光禄勋。

东汉末年，光禄勋改称"郎中令"，曹魏时期又改回光禄勋，掌宫廷宿卫，兼掌郊祀三献。北齐年间，光禄寺的称谓出现，为九寺之一，掌皇室膳食。隋文帝时期，扩九寺为十一寺，而光禄寺成为专门负责宫中饮食的机构，下辖太官、肴藏、良酝、掌醢等部门。

朱元璋称吴王时，设有膳食机构宣徽院，洪武元年（1368）十二月，正式更名为光禄寺。明代光禄寺所属的主要机构有四署一局，四署分别为大官署、珍馐署、良酝署、掌醢署，一局为司牧局。大官署、掌供给祭品宫膳、节令筵席、蕃使犒赏等事；珍馐供宫膳肴核之事；良酝掌酿酒之事；掌醢供饧、油、醋、酱、梅、盐之事。司牧局负责畜养牛羊等牲畜，供祭祀、膳食之用。

明成祖朱棣迁都北京后，在北京设光禄寺，南京光禄寺的厨役基本上北迁，留下来的不过十分之一。此后南北光禄寺并存，南京光禄寺主要执掌"奉先殿之供养、四时之贡献"。光禄寺厨役数字变化颇大，在洪武中期有八百人，永乐中期最少，不过三百人，到了宣德初年增至九千四百六十二人，宣德十年（1435）削减之后，定为五千人，此后维持在六千人左右。正德六年（1511），以六千八百八十四人为定额，嘉靖九年（1530）议准以四千人为定额，嘉靖三十四年（1555）后减为三千六百人，隆庆元年（1567）再减为三千四百人，天启元年（1621）减至两千八百人。

光禄寺厨役多，事也多。光禄寺卿主要职掌祭享、宴劳、酒醴、膳馐之事。

（一）宫中饮食

明代宫中设有十二监四司八局，由宦官掌握，其中尚膳监负责皇室的饮食事务。光禄寺与尚膳监之间，在皇室饮食上存在着分工。

初期光禄寺负责皇室饮食，如《明太宗实录》载："光禄寺卿张泌，于御膳必躬视精洁，然后以进。"后来宫廷御膳改由光禄寺与尚膳监共同配合。到了嘉靖朝时，因为嘉靖帝躲在西苑修仙，距离光禄寺较远，御膳遂由宫中大太监供应，此后形成惯例。天启年间，御膳由客氏、王体乾、李永贞、魏忠贤四家造办，御膳以客氏为主，王体乾、魏忠贤、李永贞三家为辅。

嘉靖朝之后，光禄寺不再负责制作皇帝的御膳，只负责确定菜单，提供食材，由内庖太监，随单烹调。皇帝御用的餐具之类物品，也由尚膳监向光禄寺领取，器皿用完后要归还。内府太监对于光禄寺，抱着捞一个是一个的态度，冒领钱粮乃是常态。也有光禄寺官员与太监联手捞钱，如万历四十年（1612）七月，光禄寺署正黄泰年等，勾结太监，盗卖仓谷。再如弘治十二年（1499）五月，光禄寺卿李鐩言，贪没"今年春留中未发的进膳和修斋器皿，共二万三千三百四十五件"。光禄寺也有负责任的官员。如成化初年，礼部侍郎蔚能执掌光禄寺，每有宴会必亲自检视，以求丰洁。在光禄寺三十年，蔚能从未私下带过一块肉回家。

"凡瓷器、漆盒、绳扛等物，一入宫门，无复还望"，蔚能不惧太监，带领属下，清查调入宫内的器皿，以杜绝私藏。

（二）协助祭祀

明代祭祀颇多，每年按常例举行大祀、中祀、小祀的就有几十种。在祭祀过程中，光禄寺要布置场所，提供祭品，设置宴席，"造办荤素祭物，各宫殿遇节祝天供养物品，俱本寺办进"。

明代祭祀活动有严格分工，太常寺掌管祭祀礼乐之事，鸿胪寺在祭祀仪式上引导百官行礼，钦天监负责选定祭祀日期，都察院负责监督祭祀时的风纪与物件，内廷太监负责服务性的事宜，光禄寺则负责祭品的采购与进献。祭祀物品的来源多样，有上林苑提供的牲畜、瓜果、蔬菜，有各省进贡的特产，有自民间采购的物品。

祭祀物品是最为神圣之物，宦官与官员们也许敢在外交宴席上偷走整桌酒菜，却不敢动祭祀物品分毫。"盗取大祀神御之物"，乃是"谋大逆罪"，处以斩刑。偷盗未曾用来祭祀的物品，或者是祭祀完成后的物品，也要处以笞一百、徒三年处罚。

（三）荐新

光禄寺的一个重要职能，就是提供荐新物品。在南北二京，均设有奉先殿，每月初一，光禄寺提供当月时鲜，献祭给祖先和神明，称为"荐新"。如二月新冰，三月鹌鹑，四月白酒，五月煮酒，九月生酒、石榴、柿子，十月银鱼、米糕、豆腐、蓼花、米糖、细糖子、鲚鱼，十一月天鹅、雁等，均由光禄寺办理。其他一些时鲜，则由太常寺办理，送到光禄寺荐新。

奉先殿荐新极为浪费，如祭祀孔子时，所用果品"俱用二尺盘黏砌，每盘高二尺，用荔枝圆眼至一百一十斤以上，枣柿用二百六十斤以上"。其他各处所用也是极为浪费，嘉靖朝时，光禄寺荐新所用的果品就有一百余万斤。

（四）办理筵宴

明代宫廷宴饮颇多，依照规模有大宴、中宴、常宴、小宴；又有节日宴、祭祀宴、外夷宴、进士荣恩宴等。根据宴会的规模与招待对象不同，光禄寺准备不同的酒食。光禄寺不但要准备宴会饮食，还要承担宴会的布置，在宴会过程中要全程陪同。如弘治十年（1497），令会同馆设宴招待夷人，礼部属官一员，光禄寺正官一员巡看，务要桌面丰盛，酒味醇厚。宴毕之后，侍宴大臣告诫夷人，回去之后，要管束部落，毋得生事扰边，自取灭亡。

光禄寺宴饮，招待对象主要有早朝的文武百官，来朝的诸王、诸藩土官、外夷使节、衍圣公、张真人、殿试读卷和执事等官，经筵、日讲和东宫讲读等官，吏部和兵部选官，翰林院官、国师、禅师、僧官、医士等。如重要大臣生病、考满等，皇帝会赐给酒食，均由光禄寺办理。

招待规格，以"番夷人等朔望朝及见辞酒饭"为例：上桌按酒（下酒菜）用牛羊等肉共五碟，每碟生肉一斤八两；茶食五碟，每碟一斤；果五碟，核桃、红枣、榛子每碟一斤，胶枣、柿饼，每碟一斤八两。中桌按酒（下酒菜）用羊牛肉四碟，每碟生肉一斤；茶食四碟，每碟十两；果四碟，核桃、榛子、红枣每碟十两，胶枣十二两；酒三钟，汤饭各一碗。

从明太祖朱元璋直到成化年之前，在招待各国使者时，光禄寺还不敢大意，必备下丰厚筵宴，"所以畏威感恩，蛮夷悦服"。成化年之后，光禄寺对于办理筵宴，已不大用心，各种偷工减料。各国使臣到京，朝廷赐以筵宴，"朔望见辞酒饭甚为菲薄，每碟肉不过数两，而骨居其半；饭皆生炊，而多不堪食；酒多掺水，而淡薄无味"。各国使臣知道饭菜寡淡，甚至懒得举筷，对于大明朝的款待，颇多怨言。弘治年间，吏部尚书马文升上奏，建议此后在招待各国使者时，派御史监视，"饭斤数不许短少，饭食菜蔬俱堪食用，酒亦不许掺水"。如果有克扣，将责罚光禄寺官员。

此后虽有御史巡视，然而效果并不佳。《万历野获编》记载："京师向有谚语云：'翰林院文章，武库司刀枪，光禄寺茶汤，太医院药方，盖讥名实之不称也。'"万历二年（1574），朝鲜使臣赵宪记录道："至阙左门内光禄寺，以酒饭饷于树下……前设果肉甚盛，肉是生猪肉也。"

崇祯九年（1636），朝鲜使臣金堉记录了两次光禄寺赐宴。第一次在光禄寺庭中设宴招待，各司下人环立以待。就在朝鲜使臣还有十余步就要入席时，出现一幕不可思议的场景——"一人攫取一桌之馔而走，诸人争先攫取，片时而空"，只留下目瞪口呆的朝鲜使臣。

金堉第二次去光禄寺赴宴，"宣饭如前，只一杯酒，菜羹一器，无他物"。在进献方物给明朝廷时，金堉正赶上大明王朝每三年一次招募宦官的盛举。金堉也看到了内廷宦官的腐化情况。礼部挑选宦官，预备录取三千人，排队报名者约有五万人，"必选贿于主选太监，然后与选"。

光禄寺设宴不用心，赴宴的人也不守规矩。正统九年（1444），光禄寺设宴款待海西野人、女真人等，光禄寺官员、厨役怠惰偷闲，不在场监督，以致被"夷人乘隙盗去碗碟等器五百八十三件，略不知觉"。

　　光禄寺的匾额上写着"敬慎有节"。只可惜，曾经辉煌无比的大明王朝，在时间的流逝中逐渐颓废，而光禄寺的宴饮更是让人无从下箸。

老太家膳累天下

若说明代最跋扈的太监，前三甲必定是王振、刘瑾、魏忠贤。

魏忠贤原名李进忠，本为北直隶宁肃县无赖子也。未自宫前，魏忠贤与妻子生有一女，女儿嫁给了杨六奇。魏忠贤因赌博输光家产，恼怒之下，挥刀自宫，进而想入宫改变命运。万历十七年（1589），魏忠贤被选入宫中，隶司礼监秉笔掌东厂太监孙暹名下，派给御马监刘吉祥照管。魏忠贤未曾入宫时，就贪财好色，能饮好赌，又精于射箭，射多奇中，因不识文断字，人多以"傻子"称之。

魏忠贤平素好僧敬佛，与宣武门外文殊庵僧人秋月等交好。万历年间，魏忠贤曾到四川，想在四川税监邱乘云后面打抽丰，发点小财。

到了四川后，有人向邱乘云告发魏忠贤的各种劣行，邱乘云令人将魏忠贤绑了，倒悬在空房之中，想要将其饿死。僧人秋月此时在四川游历，得知魏忠贤已被饿了三天，就从中劝解，邱乘云才将魏忠贤放了，又给了他十两路费回京。秋月善心大发，写了一封信给太监马谦，嘱咐其在京照顾魏忠贤。经过马谦提携，魏忠贤被调到有油水的库房任职，发了一笔小财。

万历年间，万历帝不喜长子朱常洛。朱常洛的出生是一次偶然事故。万历九年（1581），万历帝到生母李太后慈宁宫中时，索水洗手，宫女王氏将水端了上来，万历帝突然性起，临幸了王氏。次年儿子出生，取名朱常洛，这是万历帝的长子。万历帝既不喜王氏，也不喜朱常洛，一直想立郑贵妃的儿子朱常洵为太子。后来在群臣的舆论压力下，总算立朱常洛为太子，可这太子之位并不稳固。

朱常洛的儿子朱由校出生后，朱由校及生母王才人无人办膳，太监魏朝就将魏忠贤推荐给了有权有势的太监王安，经过王安推荐，魏忠贤得以办理王氏与朱由校的膳食。魏忠贤办膳分外卖力，靠着自己的交际能力，从宫中各库弄来珍稀食材、醯酱及时鲜果品、花卉，讨好朱由校。也正是这一机缘，魏忠贤与朱由校的乳母客氏搭上。

泰昌元年（1620）八月初一，景泰帝朱常洛登基，拟于九月九日册立朱由校为太子。不料九月初一，景泰帝去世，儿子朱由校继位。朱由校的处境相当尴尬，他没有被祖父万历帝立为皇太孙，也没来得及被父亲泰昌帝立为太子，莫名其妙地就成了皇帝。天启帝朱由校登基后，魏忠贤一度被御史弹劾。魏忠贤又通过魏朝，找王安营救，得以开脱。

　　魏忠贤、魏朝二宦，结为兄弟，魏忠贤年长为兄，"魏朝为人，佻而疏；魏忠贤为人，憨而壮"。盟兄弟之间，为了天启帝的乳母客氏闹翻。在斗败魏朝后，魏忠贤拟伪旨，将其发配凤阳。魏朝知道魏忠贤必定要弄死自己，就躲入蓟北山寺中，后被官府搜获。魏忠贤得讯后，派人中途将其截获，押至献县缢杀。

　　泰昌元年冬，魏忠贤升秉笔太监，不识字而升秉笔太监者，明代共有隆庆朝孟冲，万历朝张明，天启朝魏忠贤、孙暹、王朝辅等五人。明代宫中，司礼监秉笔太监，非因公事，不得擅自外出。天启四年（1624）之前，魏忠贤虽偶尔外出，但不敢出远门。到了天启四年之后，魏忠贤羽翼丰满，内外均有助力，开始远行。每年春秋之际，魏忠贤到京郊祭景泰帝的生母，至西山碧云寺祭宦官孙暹及刘吉祥，赴琉璃河看河工，或到大坝马房修城。

天启帝刚一登基，就封客氏为"奉圣夫人"。客氏是定兴人侯二的妻子，十八岁入宫，两年后侯二去世，入宫前客氏生有一子侯国兴。依照惯例，皇帝成年之后，乳母要搬出宫去，但客氏却一直留在宫内。

天启帝登基时已经十六岁，"古者十五而入大学，谓其成人伊始"，大臣们纷纷劝告天启帝，让客氏出宫。

为了留下客氏，天启帝哭哭啼啼地向内阁解释："奉圣夫人客氏，屡奏辞出去，是朕挽留，勿生猜疑。今朕尚在冲龄，三宫年幼，时赖调护。"天启帝向内阁保证，待将泰昌帝的梓宫安葬之后，将择日让客氏出宫，至于目前，还请"卿等传示各衙门，不得纷纭议论"。

天启帝对于客氏一家，关爱备至，要厚封客氏的儿子侯国兴及客氏的亡夫。吏部云："累朝故典，并无此例。"天启帝则云："既无先例，着比照别项恩例推广具奏。"吏部无奈回复"皇上自为量酌"，又乘机建议"查往例大婚之后，乳母相应出宫，今客氏当循例出居"。天启帝遂封客氏之子侯国兴为锦衣卫指挥，至于让客氏出宫的事，能拖就拖。

天启帝登基之后，手忙脚乱，两个月内，办了两场大葬礼。先是要给祖父万历帝准备葬礼，泰昌帝死得突然，没有帝陵，就将早年景泰帝的帝陵废址，加班加点改建后入葬。

至泰昌帝安葬时，万千臣民，匍匐于地，"万姓角崩，千官云拥"。送葬队伍中，却有一辆马车在后方，巍然居中，格外醒目，端坐于车上者，乃是"奉圣夫人客氏"。行到德胜门时，有一老妪长跪路旁，号啕大哭，却是泰昌帝早年的乳母，"恩宠未逮，是以悲耳"。目睹此景，大臣叹道："同为乳母，何厚与薄，犹天与渊？"

天启帝的生母去世得早，一度由西李娘娘抚养，住在乾清宫。明代宫中，称太皇太后、皇太后、皇太妃为"老娘娘"。至泰昌帝去世后，西李老娘娘想控制住朱由校，当上皇太后，故而要求群臣先册封她为皇太后，再放朱由校与群臣见面。景泰帝入殓时，儿子都不在场，群臣愤怒无比，一起到乾清宫讨人，将朱由校要了出来。西李老娘娘几次想将朱由校抢回去，未曾得手，就赖在乾清宫不走。乾清宫是明代皇帝的寝宫，大臣杨涟、左光斗等人联合将西李老娘娘从乾清宫中撵了出来。西李老娘娘虽未曾得手，但她野心勃勃，这使宫廷内外的权势人物极为提防，相应地忽视了客魏之辈。

待景泰帝的奉安大事忙完之后，群臣力奏，要求客氏出宫。天启帝面临群臣的压力也很头大，在天启元年颁发圣旨："着择于九月二十三日午时吉，奉圣夫人客氏出去。"

到了九月二十三日，宫中传出消息，客氏已出宫，群臣闻讯，无不欢欣鼓舞。可两天之后，客氏又被召回宫中。天启帝称，自从客氏出宫之后，从早至晚，食不下咽，"暮夜至晓忆泣，痛心不止，安歇勿宁"。更严重的是，"朕头晕恍惚"，不得不将客氏召回宫中，入内侍奉。天启帝特意批示，客氏再次回宫，"外廷不得烦激"。若再逼客氏出宫，导致皇帝吃不下饭，损伤龙体，大臣们承担不起这种后果，只能默许客氏留在宫中。

客氏每日一早到暖阁服侍天启帝，至深夜才回值房。客氏在宫中，先与魏朝结为对食，后来又与魏忠贤勾搭上。宫中结成对食的太监、宫女，往往会发下誓言，要彼此相爱，直到永远。如果宫女移情别恋，对太监来说是极大的打击。客氏风韵过人，二魏为了客氏争风吃醋，某夜两人喝醉，为了客氏，在皇帝住宿的暖阁大打出手，甚至惊动已经睡着的皇帝。此时已是深夜时分，二人跪于皇帝卧榻之前，听候处分。天启帝问道："客奶，你只说真心要跟谁，朕替你断。"此时司礼监王安等大太监均被惊起，赶到暖阁。客氏不喜魏朝狷薄，看中魏忠贤憨猛，且不识字之人容易控制，就倒向了魏忠贤。王安看到客氏心意，就打了魏朝一掌，令其告病，离开御前。

明代宫中定下祖制，在乾清宫东西各有房五所，乃是宫中婢女所居。客氏最初住在西二所，后移居咸安宫，由天启元年起，至天启七年止。凡客氏出宫回自己的私第，要预先报告天启帝，得到同意后，皇帝会颁布圣旨："某月某日奉圣夫人往私第。"

客氏出宫时，天尚未亮，乾清宫太监头领数人及数十名太监，穿红圆领玉带，在客氏前列队步行。客氏自咸安宫出，盛服靓妆，乘小轿由嘉德、咸和、顺德右门，经月华门至乾清宫门西，一路不下轿，直至西下马门。

到了西下马门，客氏换八人大轿，由外间的仆役抬走，声势排场，远在皇帝巡游之上。数百人点着白蜡照路，又有提炉数十道，真是："灯火簇烈照如白昼，衣服鲜美俨若神仙，人如流水，马若游龙。天耶？帝耶？"每年冬夏，客氏总要出宫三四次，客氏回到私宅后，升厅坐定，上到管事，下至近侍，依次叩头，口称"老祖太千千岁"，轰然震天，拜见后各有银帛打赏。客氏每次回私宅，都要住上十几日，直到魏忠贤催促，方才回宫。

客氏年四十余，容貌艳丽，性格慧朗，又能讨好皇帝，恩眷无比。光禄寺供应的钱粮食材，先送到客氏门下，之后才供给皇帝。每到客氏生日，天启帝必定为其庆贺，欢宴赏赐无数。客魏联手，朝野侧目，舆论纷传："天下威权所在，第一魏太监，第二客奶，第三皇上。"

天启年间，由王体乾、魏忠贤、李永贞、客氏四家，轮流办理御膳。四家各有负责膳馐的官员十余名，又设汤局、荤局、素局、点心局、干碟局、手盒局、凉汤局、水膳局等，另有红衣太监四五十人，负责贴身服侍。四家雇用的厨役达数百人，不少是从宫外聘来的，所做饭菜，胜过宫中厨役无数。

说是轮流办理，因为客氏所办御膳最得天启帝欢心，常由她办理酒食。尚膳监所进御膳，酒房所进御酒，不过是摆设，供皇帝赏赐而已。客氏所办菜肴之中，如炒鲜虾仁、参笋等，最为天启帝所喜。

诗云："太家供膳备时珍，虾笋尝先百味陈。荷蕊潭香秋露白，就中多半赐廷臣。"荷花蕊、寒潭香、秋露白者，均是御酒房所酿内酒。

天启帝是好酒之徒，所饮之酒，名目繁多，如秋露白、荷花蕊、佛手汤、桂花酝、菊花浆、芙蓉液、君子汤、兰花饮、金盆露等，多达七十种，均是亲贵们在宫外采办后，进献入宫。

御茶房负责皇帝所用茶、酒，闲杂人等，不得擅入。魏忠贤擅政后，大小太监，均跑去茶房，讨要酒茶吃。宫中的各种器皿，对魏忠贤、客氏来说，好比私人之物，可随意取用。魏忠贤喜欢射箭，喜欢蹴鞠跑马，弓箭房也被他占据了。

至于天启帝，喜欢骑马，喜欢看武戏，更喜欢从事木匠活动。天启帝亲自动手，在宫中制作了各种精巧的器具与房屋模型，"凡自操斧锯凿削，即巧工不能及也"。当天启帝全心忙于木匠活儿时，王体乾等乘机拿了奏折，请示军国大事。天启帝不耐烦道："尔们用心行去，我知道了。"于是太阿之柄下移，宦官权势滔天。每投入木匠活儿时，皇帝总是废寝忘食，不知寒暖，这对身体有极大伤害，可谁敢向皇帝进言？皇帝喜欢木工，喜欢造房子，唯一的成果就是，皇极等三殿，于天启年间落成。

太阿倒转，魏忠贤再无顾忌，他的生日是正月的最后一天，元宵节后，送寿礼者、做法事者，每早将乾清宫门前两侧丹墀挤满。至生日当天，前来祝寿者，人山人海，绶带碰撞之声不绝，更有挤伤腿足者，"千岁千千岁"轰然如雷。魏忠贤此时连皇帝也不放在眼里，早上起来时，敲打银漱盂的声音极响，连近在咫尺睡觉的皇帝也不怕。

怂恿皇帝沉溺于游戏，有时会有风险。一次太监试放手铳，将左手炸掉，几危及天启帝。天启五年（1625）五月，天启帝带了两名小太监在西苑划小船游玩，魏忠贤、客氏坐大船饮酒作乐。突起大风，将小船吹翻，两名小太监淹死，天启帝侥幸被救上岸。

虽然如此，天启帝对客魏的信任丝毫没有动摇。天启五年九月，天启帝特赐魏忠贤、客氏金印各一颗，每颗印重二百两，方二寸余，四爪龙钮，玉箸篆文，分别是"钦赐顾命元臣忠贤印""钦赐奉圣夫人客氏印"。

天启初年，秉笔太监王安匡辅秉政，在宫中一言九鼎。他一个巴掌，就将天启帝身边的红人太监魏朝赶走。当魏朝、魏忠贤为了客氏争风吃醋，惊扰天启帝时，王安完全可借惊驾之罪，将二人一起赶走，进而将客氏送出宫外。以王安的眼力与经验，他肯定会想到此点，但他当时，要防范的是咄咄逼人的西李老娘娘，方才给了魏忠贤、客氏活路。

王安是河北雄县人，万历初入宫，万历二十二年（1594）担任东宫伴读，此后一步步升为秉笔太监。王安本来清癯多病，后服食人参，虽胖了起来，但并不强壮。凡随侍天启帝朝讲，都要人扶掖而行。天启帝登极之初，宠溺客氏，曾赐客氏人参一袋，约二三十斤。魏忠贤看到后大为喜欢，一把夺走，抱了人参奔往王安值房，口中道："天赐富贵，叩献作汤用。"此时的魏忠贤，尚诌谀于王安。

天启元年（1621）五月，天启帝命王安掌司礼监印。依照套路，王安先要上奏辞去此职，推辞一二，等皇帝下旨劝谕时，再正式上任。不想客氏却从中作梗，说服皇帝同意了王安的辞职。此时王体乾急欲掌司礼监印，说服客氏，杀掉王安。魏忠贤想下手杀王安，想起此前王安的救命之恩，犹豫再三。客氏即对魏忠贤道："外边或有人救他，圣心若一回，你我比西李何如？终吃他亏。"

在魏忠贤操作之下，王安被弹劾，降为南海子净军，又以亲信太监刘朝担任南海子提督，预备弄死王安。刘朝不准发给王安食物，王安只好四处挖芦菔（萝卜）根充饥。过了几天，刘朝见还没饿死王安，就直接将其杀死。王安一死，王体乾掌司礼监印，魏忠贤窃取权柄，大肆提拔亲信，开始冲撞外廷大臣。

天启二年（1622），御史周宗建等人上疏，弹劾客魏。天启三年（1623），御史周宗建等再次上疏，弹劾魏忠贤"千人所指，一丁不识"。天启四年（1624）六月，东林党人纷纷弹劾魏忠贤、客氏，杨涟更罗列了魏忠贤二十四条大罪。魏忠贤疯狂反扑，广布密探，四处刺探无端小事，动辄擅用数百斤大枷，枷死不下百十余人；更遣骁骑，抓捕杨涟、左光斗、周朝瑞、魏大中、袁化中、顾大章、王之寀、周宗建、缪昌期、夏之令等人，罗织罪名，先后将其杀害。一时间，骁骑四纵，地方激变，东林党人纷纷入狱身死。

外廷恶斗，内廷也不安稳。景泰帝朱常洛的皇后郭氏早在万历四十一年（1613）就已去世，天启帝朱由校的生母王氏已于万历四十七年（1619）去世，是故天启帝登基之后，并无皇太后对他形成制约。景泰帝死后，宫中的局面是，东李老娘娘即庄妃，贤而无出；西李老娘娘，咄咄逼人；又有赵选侍，未得封号，与客氏不和。至于后来的崇祯帝的生母刘选侍，在生下儿子后就失宠，被责罚而死。

明代皇后以下，依次有皇贵妃、贵妃、妃、嫔、昭仪、婕妤、美人、才人、贵人、选侍、淑女等，选侍地位仅高于淑女。赵选侍与客魏不和，天启帝即位之后，客魏矫旨逼其自缢。自缢之前，赵选侍将泰昌帝所赐的首饰金珠之类，列于案上，沐浴礼佛，西向遥拜，痛哭良久，从容自尽。其死后以宫女身份下葬，无人肯为其申雪。

庄妃东李老娘娘，性格仁慈，沉默寡言，不苟言笑，举止端庄，俨若五六十岁的老太，虽位在西李老娘娘之前，却没有其得宠。客魏把持宫中事务，宫中礼数，多被裁抑。宦官徐应元每叩见东李老娘娘时，扬扬自得，不时还鞭打东李老娘娘的左右侍从。东李老娘娘负气愤郁，于天启四年（1624）十月二十六日去世。

西李老娘娘容貌艳丽，颇具心计，在泰昌帝身边时最为得宠。崇祯帝朱由检在生母刘选侍去世后，也被交给她抚养，西李老娘娘生下女儿后，才将朱由检交给了东李老娘娘抚养。泰昌帝去世之后，西李老娘娘的皇太后之梦被东林党人给打断。东林党人对西李老娘娘极为警惕，连番上奏，逼迫西李老娘娘由乾清宫迁到了仁寿殿。因为有共同敌人东林党，是故西李老娘娘与客魏关系尚可，至天启四年（1624）时，还被封为康妃。崇祯帝登基后，晋升西李老娘娘为太妃。明亡之后，西李老娘娘被清廷抚养，活到八十多岁，至康熙十三年（1674）才去世。

天启帝登基后，千挑万选，最终立张氏为皇后，其系河南生员张国纪之女。天启元年（1621）夏，大婚礼成。张皇后极其厌恶客魏，曾将客氏召到宫中，欲绳之以法，又向天启帝暗示魏忠贤乃是赵高之流。客魏忌惮张皇后，在宫中散布流言，称张皇后非张国纪之女，乃是江湖大盗孙二之女。

天启三年（1623），张皇后怀孕，客氏、魏忠贤将宫人全部换成自己的亲信。一日张皇后腰痛，借口帮她捶背，用力猛捶，导致堕胎。客魏一直想将张皇后废黜，只是未曾得手。至明亡之际，崇祯帝让自己的皇后自杀后，也不忘通知嫂子自杀。清室入关之后，还将张皇后灵柩送入天启帝帝陵安葬。

裕妃张娘娘，已有身孕，因性格刚烈，与客魏不和。客魏矫旨，将裕妃关押在宫内，不给饮食。被困十四天后，天下暴雨，张氏力竭，匍匐着喝了数口雨水，气绝身亡。宫门外看守宫人奏报给了天启帝，天启帝也是冷酷之辈，毫不在乎，令将裕妃以宫女的待遇焚化于净乐堂。

慧妃范娘娘曾生下皇长女，后失宠，被幽禁在冷宫中。范氏比较幸运，一直活到了客魏倒台，搬至慈宁宫居住。明清易代之后，被清廷给供养起来。

成妃李娘娘于天启四年（1624）二月三十日诞下二公主，是日地震，不久公主夭折。成妃李娘娘侍寝天启帝时，偷偷为被囚于冷宫的范娘娘求情。客魏知道后，矫旨断绝其饮食，欲效法裕妃故事。先时成妃见裕妃被活活饿死，平时就在宫中砖瓦缝里偷藏食物，得以支撑数日。客氏怒火少解后，将成妃贬为宫女，迁居他处。至崇祯帝登基后，特意恢复了嫂子的封号，将其移到慈庆宫居住。

此外被迫害至死的还有冯贵人等，她们或被饿死，或生病被害死。客氏居于宫中，威风赫赫，无人能敌。客氏之母，此时尚在，每每劝告客氏要行善举，不可多造杀戮，客氏置若罔闻。

客魏威福自擅，杀王安以立威于内廷，杀妃子以立威于后宫，杀诸臣以立威于外廷，可以说是天怒人怨，舆情愤愤。可是有皇帝给他们撑腰，谁能奈何？客魏的权柄，是与天启帝联系在一起的。到了天启七年（1627）八月，年轻的皇帝一病不起，驾崩于乾清宫，此年魏忠贤年六十岁，客氏年四十八岁。天启帝死前，遗诏由皇五弟信王朱由检继承帝位。

崇祯帝登基之后，最初隐忍不发。曾有人上奏弹劾魏忠贤党羽，加以试探。崇祯帝看了奏折后，不做任何表示，此后各种弹劾奏折不断，但崇祯帝一直没有反应。直到嘉兴贡生钱嘉征上奏，列举了魏忠贤的十大罪，崇祯帝才将魏忠贤召来，命太监将十大罪一一读给他听，又命魏忠贤听候处置。到了十二月初二，崇祯帝下令将魏忠贤安置到凤阳。初六，行至阜城县南关，魏忠贤与心腹李朝钦，夜半时一同缢死于旅店。

此年九月初三，客氏恳请崇祯帝，准许其返回私第。至五更时，客氏赴仁智殿天启帝梓宫前，拿出一个黄色包裹，云其中是天启帝胎发、疮痂、累年剃发、落齿及剪下的指甲，痛哭一番，焚化而去。至崇祯帝下令查抄家产后，客氏被送到浣衣局软禁，于十一月在浣衣局被笞死。客氏之子侯国兴被杀，其弟客光先被发配充军，客氏身边的亲信太监，靠行贿得免。客氏死后，宫中膳食，又是一番景象。

崇祯的一次早膳

明熹宗朱由校性喜玩耍，对弟弟信王朱由检却极好。天启六年（1626）时，熹宗为弟弟张罗，选定了贤惠貌美的周氏为妻。天启七年（1627）二月初三，信王朱由检完婚。此年八月二十二日，熹宗去世，朱由检入宫登基。初入宫时他战战兢兢，如入虎狼之穴，不敢吃宫中食物，不敢喝宫中水，只吃自己带来的大饼。在皇位上坐稳之后，他果断出手，打击了魏忠贤、客氏势力，此后，他放心大胆地吃起了宫中的御膳。

清代《秋灯录》中记载，有一董姓老人，乃是京师人，其妻是明时宫女，因为李自成攻入北京，逃散民间，得以嫁人。董老带了妻子一路南下，入籍嘉兴，年迈之时，董老讲了从妻子口中听来的宫廷故事。

据其云，崇祯帝每日早起盥漱，四个宫女捧执金盆，盆四周镶以各种珍宝，分别用来洗手洗脸漱口。洗漱完毕，整理头发，帮皇帝整理头发的宫女，地位最高，称"管家婆"。弄好头发，戴上冠带，着便服吃早膳。"早膳极为丰富，罗列丈余，宫中皆丰美其食，惟心所欲。"据董老云，崇祯帝一日膳食要花费三千两银子，这却是夸张了。

崇祯十五年（1642）春，光禄寺支用皇帝御膳每月一千四百一十六两。这膳食费用，不算厨料及调制灵露饮的粳米、老米、黍米等。周皇后膳食开销，每月为三百三十五两，懿安张皇后的膳食标准，与周皇后相同。张皇后对崇祯帝登基，清理魏忠贤、客氏集团出了大力，崇祯帝尊皇嫂为懿安皇后，予皇太后待遇。

承乾皇贵妃、翊坤贵妃两宫，每月膳食费各一百六十四两。皇太子膳食并厨料开销，每月一百五十五两。定王、永王两宫，每月膳食费各一百二十两。据光禄寺奏，宫廷之中，一切内外开销，每月约两万两。崇祯帝时期，宫廷内外开销，已是节省，仍然惊人。

北直隶广平人宋起凤，著有《稗说》四卷，记录明代及清初典故。宋起凤详细记载了崇祯帝如何用早膳，并详细提及所用菜品。

崇祯帝洗漱完毕后，至外室，宫人端上茶汤及各种饼饵，稍微吃下点后，至中殿用早膳。皇帝入中殿时，乐器奏响，皇帝南向坐，一人一桌，如果皇后陪同一起用膳，则分两桌。各种食物早就摆好，由皇帝挑选，不用的则端到一旁桌上去。

早膳颇为丰盛，米食如蒸香稻、蒸糯、蒸稷粟、稻粥、薏苡粥、西梁米粥、黍秫豆粥、松子菱芡枣实粥等。面食有发面、烫面、澄面、油搭面、撒面等。面食与米食同列，皇帝选好后，不用的一同撤下。

早上的菜肴颇多，牛、羊、驴、豚、狍、鹿、雉、兔及海鲜、山蔬野薪，无一不具。至于口味，明代宫廷中菜肴的制作，主要是熏炙、炉烧、烹炒之类，所以口味比较重。口味虽重，但四时变换，荤素搭配，粗细均衡，明代宫廷还是把握得较好。

朱元璋曾规定，子孙后世，要吃民间小菜小食，以知晓民间疾苦，故而各种民间的小菜小食也出现在宫廷餐桌上。小菜有苦菜根、苦菜叶、蒲公英、芦根、蒲苗、枣芽、苏叶、葵瓣、龙须菜、蒜薹、匏瓠、苦瓜、蔗芹、野蒝等。小食有仓粟小米糕、稗子、高粱、艾汁、杂豆、干糇饵、苜蓿、榆钱、杏仁、蒸炒面、麦粥等。至于时鲜之物，崇祯朝只保留了鲥鱼、冬笋、橙橘等几种，其他的都免去进献，以节省民力。

崇祯帝对于宫外的食物，也比较了解。如北京市面上有各种烧鹅制品，供京师内的饕餮之徒享用，宫内也不时从街肆上采购，让皇帝换换口味。崇祯初年，负责皇室开支的内侍向皇帝报告开销。崇祯听了报告后很是不快，指出实情："炙鹅、腌鲥、肉鲊，在某肆市之钱半百耳。"内侍听了后不无惊愕，想不到皇帝也熟悉市面上菜肴的价格。

一日崇祯帝想吃米糖，令尚膳监制了进上。崇祯帝特意询问了制作费要多少钱，尚膳监报价："得银八两。"崇祯帝拿了三钱银子，令人到街市上去采购了一大盒，将米糖分给皇子公主。崇祯帝难得心情大好，笑道："此宁须八两耶？"

崇祯帝登基之后，陕西、山西、山东、河南等省接连遭遇大旱灾，旱灾往往伴随着蝗灾、疫情，北方赤地千里，野无寸草，流民遍地。崇祯四年（1631），京郊大旱，崇祯帝步行前往祈雨。崇祯六年（1633），北方大旱，他亲到南郊步祷求雨，不久天降甘霖。可天偶降几次甘露，却无法挽回大明王朝的颓势。内外交困中，崇祯帝无法开源，他只能节流——在宫中提倡节俭，他裁掉部分驿站，撤去一些贡品。宫中每逢端午，都要赐臣子一把扇子，崇祯帝将这笔钱也省去了。至于衣服，他认为袍袖过大，乃是浪费，改小后可以节省绸布。

崇祯帝的相貌，与明代其他帝王的丰腴壮硕不同，他很清瘦，乃至有点苦相。他的成长过程中，无疑是缺乏亲情的，宫中无情的恶斗，让他如履薄冰。他极度自尊，脾气急躁；他又有着严重的忧虑症，他不信任任何人；他看起来无比稳重，可实际上性格软弱，是极端悲观主义者。他力主节俭，可膳食之中，偶尔也有奢华之物。

清人诗云："凌晨催进燕窝汤，佩檽鸣姜出膳房。为是酸咸要调剂，上方滋味许先尝。"《崇祯宫词注》则载，崇祯帝嗜燕窝羹，厨役每次煮好，都要以五六个人先品尝，确定咸淡之后再进给崇祯帝。对于崇祯帝来说，服食燕窝的好处是，可以滋补身体，以温润的燕窝降降火气。崇祯帝贵为天子，吃点燕窝，算不了什么。他的膳食，乃至不能与当时的富家巨室相比。当日富豪号称富有小四海，一筵之费，足抵中人之家的财产，奢华程度，更是力压宫廷。

崇祯十六年（1643）九月，崇祯帝上谕内阁辅臣，此时局势吃紧，朝野内外，更宜节俭，先自朕做起。宫中的日常膳食花费，除了祭祀之用不减，皇帝的日用膳品减去一半，后妃们的膳食配额减去十分之四，宫女宦官的膳食减去十分之三。待天下平定之后，再恢复原来的配额。

天下并未平定，崇祯十七年（1644）三月十九日凌晨，李自成大顺军攻入北京，崇祯帝于景山自缢，一个王朝就此终结。又是一番血雨腥风厮杀之后，紫禁城中，飘荡起了带着白山黑水风味的膳食香气。

第二章 厥味甘美推山珍

○ 黄鼠正肥黄酒熟

○ 肥兔鹌鹑悬庖屋

○ 半翅沙鸡味更鲜

○ 空肠老饕天花菜

黄鼠正肥黄酒熟

在明代，有一种食物，作为贡品，从千里之外送入宫中，成为宫廷美食。有意思的是，在明初，朱元璋定下各种规制，以去除蒙古人的影响，但这道蒙古人追捧的美食，却被选择性地遗漏掉了，这就是黄鼠。

黄鼠也称礼鼠、拱鼠。到了晴暖天，黄鼠出，坐洞口，见了人也不畏惧，将其前足拱起，形同作揖，若人靠近，方逃入洞中。黄鼠作揖行礼的模样让古人很是感动，动物能知礼，有的人却不能，以至于《诗经》中称赞"相鼠有体，人而无礼"。

汉昭帝元凤元年（前80）九月，有黄鼠衔了尾巴，在燕王刘旦的王宫端门跳舞。黄鼠跳舞，惊动了燕王刘旦，派人前去查看，鼠舞不休，一日一夜后，死于舞蹈之中。时燕王刘旦将谋反，黄鼠之舞，寻死之兆也。刘旦不能继承帝位，乃图谋废立，被汉昭帝赐令自尽。

北魏普泰元年（531），并州、肆州及周边地区，连年遭遇霜灾、旱灾，饥民走投无路，只能揭竿而起。有葛荣的起义军余部二十余万人，被高欢收留。这些人投降后，缺乏粮食，"降户掘黄鼠而食之，皆面无谷色"。靠黄鼠不能彻底解决吃饭问题，高欢遂领兵前往太行山以东地区就食，并靠着这支力量，最终崛起。直至此时，黄鼠还未曾被视为美味，而是饥民走投无路时的充饥物。

到了辽国时期，黄鼠方才流行开来。《渑水燕谈录》载，契丹国产大鼠，肥而味美，称为"毗狸"。此物专供国君之用，王公将相，轻易不得一尝。专供宫中御用的黄鼠，以羊乳喂养，使其肉味更为肥美。此处记载出产黄鼠之地，乃是山西大同。大同一带，当日属于契丹统治地区。辽国派遣使者至大宋国时，常携带黄鼠，献给宋皇室食用。

大宋国派遣使者出使契丹时，在宴席上也曾尝过此味。《使辽录》载："令邦者以其肉一脔，置之食鼎，则立糜烂。"北宋《画墁录》中记录，大宋使者到了漠北，接见完毕之后，"赐羊羓十枚，毗黎邦十头"。"毗黎邦，大鼠也"，即黄鼠，乃是辽国皇帝专享，大臣们不敢私畜之。

黄鼠有很多别称，如蒙古人将黄鼠称为"塔喇巴哈"。《饮膳正要》中记录，塔喇巴哈，一名土拨鼠，味甘无毒，煮食之。南宋时，彭大雅出使蒙古，看到了游牧民族的生活，他在《黑鞑事略》中记录："其食肉而不粒，猎而得者曰兔、曰鹿、曰野彘、曰黄鼠、曰顽羊。"蒙古人在草原上行走游牧，有各种丰富的狩猎资源，其中有羊、鹿、兔之类，也包括了黄鼠。

彭大雅记录，当时蒙古人的饮食，火燎者十之八九，鼎烹者十之二三，食物以烧烤为主。直到今天，草原上的蒙古人，猎获土拨鼠后，去掉内脏，将滚烫的小石子塞入，然后靠石子的热量将黄鼠肉烤熟。吃肉之时，除了盐，基本上不放其他调料。当日蒙古人吃半生半熟的肉，认为这样的肉比较耐饥且养人。在日常生活中，蒙古人以羊肉、牛肉为主，在祭祀时会杀马吃肉，至于黄鼠肉，则是具有特别风味的美食了。

在元代，汉人知识分子一定程度上受到蒙古人生活习俗的影响，相当一部分汉人知识分子开始效法蒙古人，饮食上也是如此。元代士人在诗歌之中，多有对黄鼠的描写。元代陈孚有系列边塞诗，颇有豪迈之气，其中一首云"黄沙浩浩万云飞，云际草深黄鼠肥"。再如福建人陈宜甫，成为晋王幕僚，与赵孟頫等人不时唱和，"冰融河水浊，沙接塞云多。土穴居黄鼠，毡车驾白驼"。在一次与友人的宴会中，浙江丽水人陈镒描述了黄鼠作为大菜的情形："黄鼠登盘脂似蜡，白鱼落刃鲙如丝。"塞外黄鼠，江南白鱼，共同组成了丰盛的食谱。

安徽宣城人贡师泰，在元代官至礼部、户部尚书，为元代后期文坛领袖之一。作为进入元代政治中枢的汉人，对黄鼠，他丝毫不排斥，且有较多诗歌描述。如："荞麦花深野韭肥，乌桓城下客行稀。健儿掘地得黄鼠，日暮骑羊齐唱归。"郑守仁则与其唱和云："野韭青青黄鼠肥，地椒细细白翎飞。郎君怯薛[1]今朝出，请得官钱买酒归。"

由元代人的诗歌，可以遐想他们在草原上吃黄鼠的景象。秋日草原上，小雨初干草未霜，放眼穹庐，秋色沙场，腰悬弓箭，纵马飞驰，"割鲜俎上荐黄鼠"。到了冬季，寒云压顶，雪色未消，羽林禁卫一起围猎，一支支箭射向空中黑雕。游猎罢了，回到帐中，"满斟白湩[2]烧黄鼠"。无数快马，踏雪草原，帐篷星布，鼓声不断，不时有海东青飞起，至晚间，满上马乳酒，就着大盘的烤沙羊黄鼠，这就是草原的生活。

---

1 怯薛：即怯薛军，指代蒙古帝国和元代的禁卫军。

2 湩：乳汁。

黄鼠的流行，以至于影响到了元曲。元代朱凯《黄鹤楼》第三折有云："黄鼠做了添换了……刘备安在？"可在三国时期，汉人居住区还不曾食用黄鼠呢！

就黄鼠肉的肉性，元代《饮膳正要》中指出："黄鼠味甘平，无毒，多食发疮。"贾铭《饮食须知》中则云"黄鼠肉味甘，性平"，同时还指出，黄鼠是辽代皇室的专属，到了元代才普及开来，所以在读书人诗中多见描述。当时人也不敢多吃黄鼠，认为多食能发疮。黄鼠虽好，有个问题是，蒙古人吃半生半熟的肉，这不能杀死黄鼠中携带的病菌，多吃必然对健康不利。

李时珍记录，"黄鼠味极肥美，如豚子而脆。皮可为裘领"。到了明代，颇多文人墨客，陶醉于黄鼠的美味之中。于谦出塞时，就曾写道"炕头炽炭烧黄鼠"，这就是烤食黄鼠了。

黄鼠喜欢独居，而且相距较远，繁殖率较低，除了交配的几天，不会成群搭伙。黄鼠的洞穴一般比较深，洞穴中设有许多小土窖，用于存储粮食。到了冬季会冬眠，所居洞穴，在地面一米以下的深处，长度在三四米甚至五六米。

明代陈霆《两山墨谈》中载："大同地产黄鼠，足短而体极肥，绝类大鼠。"大同当地人捕捉黄鼠时，用水灌入洞中，待黄鼠逃出时抓获。黄鼠被视为珍馐，权贵不远千里，将黄鼠运入京师馈赠。不过在山西当地，黄鼠不是特别稀奇，最贵时一只黄鼠不过值银一钱而已，一般中产人家都能吃得起。大明边军每年都要出塞放火，焚烧草原，以杜绝蒙古部落的入侵。作战之前，为了鼓舞士气，将官们以黄鼠好酒，犒劳军士，将士齐唱："杀黄鼠，烹黄羊，大军出塞烧朔荒，空壁广武那凄凉。"

陈耀文《天中记》中云："宣大间产黄鼠，土人珍之。"《天中记》中记录的捕捉方式却是独特。要捕捉黄鼠，必须事先畜养数只松鼠，称"夜猴儿"，能嗅出黄鼠洞穴，若洞内有黄鼠，则入洞咬住黄鼠的鼻子而出。在大同、宣府等地，黄鼠众多，以至于成灾。为了配合夜猴儿，当地人又养鹰。当黄鼠进入田坎之中偷吃粮食时，鹰在天空飞翔，将黄鼠的信息提供给猎人，猎人带了夜猴儿前来抓捕。

黄鼠肉被认为具有润肺生津等功效，但多吃会生疮。明代有一种灵鼠膏，能治诸疮肿毒去痛，此膏用大黄鼠一个，配以清油一斤制成。将黄鼠放入清油中，慢火煎焦，滤去残滓，澄清再煎。之后放入炒紫黄丹五两，以柳枝不住搅匀，滴水成珠，再下黄蜡一两，熬黑乃成。

黄鼠的食用，在明代也是效法蒙古人，以烧烤为主，如有诗云："炕头炽炭烧黄鼠，马上弯弓射白狼。"黄鼠还有一种吃法，泔浸一二日后，放入笼中，如馒头一般蒸熟了吃，蒸时要注意火候，宁缓勿急。明代宫中蒸食黄鼠时，先将黄鼠清理洗涤干净，去血沫，放入容器内，配以火腿片、香菇及葱姜酒盐等调料，上笼蒸熟即可。蒸黄鼠汤汁浓厚，鲜香扑鼻，别具塞上风情。

宣府、大同所产黄鼠，在明代是宫廷贡品。每到秋高时，黄鼠最肥，地方上抓捕黄鼠入贡。黄鼠入贡的数量颇大，如永乐十五年（1417），永乐帝赐给宁国长公主黄鼠一千只。除了进贡，还要馈赠黄鼠给朝廷亲贵，宣府、大同的地方官员需要大量黄鼠。捕捉人手不足时，边塞驻军也被动员起来，去抓捕黄鼠。京师之中有大量盐腌制后的黄鼠，充斥市面之上，供民间一尝。也有边军将领主动进贡黄鼠给皇帝的。如明仁宗洪熙元年（1425）闰七月，居庸关都督沈清遣人进贡黄鼠。

明代官场上，黄鼠成为奢侈宴席的标配，边军将领不在乎皇帝的巡视，出动人手，捕捉黄鼠送入京师馈赠。沈德符《清权堂集》中即指出："黄鼠来宣府，银鱼产宝坻，山珍兼雉兔，年节始相遗。"为此吴亮曾上奏指出，守卫边疆的督抚总兵入京时，大肆送礼。所送礼物，不外是蓟州之薏酒、辽左之参貂、甘州之枸杞、兰州之绒毡、宣大之黄鼠。就连负责弹劾的御史，在收下黄鼠等礼物后，竟忘掉了自己的监督使命。吴亮请求皇帝，要明告群臣，不得再收受边疆土产，可面对着肥美黄鼠，又有几人能抵挡住诱惑呢？

"黄鼠正肥黄酒熟"，食黄鼠，必配黄酒，邀友剧谈，纵酒彻夜，不知东方既白。梅国桢任大同巡抚时，自然得了不少黄鼠，转而送给了袁宗道。袁宗道也爱此物，只是叹息"生平尝恨未得饱"。此番梅国桢馈赠，派了两个身强体壮的仆役，抬了黄鼠过来。黄鼠之多，将一条长桌子都铺满了。袁宗道大为兴奋，自我调侃道"书生一生，未曾得此雄啖也"，预备放开大吃一顿，只是家中的厨师有的忙碌了。

曾有朋友馈赠黄鼠给徐渭，他吃后大为赞叹，描述道："膏厚而莹彻。"李应升被贬至边疆，郁郁不得志，每日如置身苦海。朋友为了安慰他，以黄鼠相赠。吃罢黄鼠，喝罢黄酒，抑郁渐渐褪去，"消我斗酒，稍平胸中磊块，谢不可以笔"。

广东番禺人江源曾在东南做官，某年秋日，收到朋友蔡少监馈赠的黄鼠，此时正是黄鼠最肥之时。得了黄鼠之后，将它烧烤了吃，据其记录，黄鼠芳甘美味，根本不用任何调味品。吃罢黄鼠，江源不由感叹，河豚得遇东坡，熊掌胜鱼见孟轲，都是美好的食物，碰到了懂行的人，今日的黄鼠也是遇对了食客。

到了清代，黄鼠地位下降，不但宫中不吃，就是民间也不再将它视为珍品。纪晓岚记载："宣化黄鼠，明人尚重之，今亦不重矣。"清人屈大均则在《翁山文外》中，记录了他在应州捕猎黄鼠的经过："康熙七年（1668）八月，至应州，此时新霜始降，雉兔方肥，屈大均与三五骑出城西，射得沙鸡二，以夜猴儿绷入穴中，捕得黄鼠二。当夜听邻店歌女弹大琵琶，唱口西曲，吃沙鸡黄鼠，至深夜方才入寝。

肥兔鹌鹑悬庖屋

《尸子》中云："宫中三市，而尧鹑居；珍羞[1]百种，而尧粝饭菜粥。"这段话描写在上古时期，尧住的是茅草屋（鹑居），吃的是粗茶淡饭。鹑居，也反映了鹌鹑的特性，即飞得很低，地栖性强。鹌鹑喜欢在安静的地方生活，所以古时候叫"鷃"，即安闲之意；后来写作"鹌"，也是取"安"之意。

鹌鹑又称鹑鸟、奔鹑。《诗经》中有"鹑之奔奔，鹊之彊彊，人之无良，我以为君"。奔奔，意为跳跃奔走。奔鹑之名，由此得来。鹌鹑是现存最小的雉鸡类动物，类似小鸡，头小尾巴短，不善于飞行，喜欢温暖干燥的环境。

鹌鹑胆子小，容易受惊。白天隐匿在草丛

---

1 羞：同"馐"。滋味好的食物。

里面，不能高飞，到了晚间，则能飞起来扑腾两下，捕鹌鹑者常在白天去捕鹌鹑。雄鹌鹑很少，一百只之中，只有几只是雄的。雄鹌鹑在古时另有妙用，可以用来进行角斗，而斗鹌鹑则是古时最为流行的游戏之一。斗鹌鹑始于唐代，当日西凉进贡善斗鹌鹑给唐玄宗，能随着金鼓的节奏争斗，此后流行开来。到了后世，行家一望，便知鹌鹑的优劣，善斗者喙利翅健，目有精光。

雄鹌鹑捉回来，不能立刻用笼畜养，而是装在用圆木片做底的布袋里，悬在床头，外出时挂在腰带上。新捕来的鹌鹑太肥，要经过一段时间的调教，等到瘦了之后，才可以参战。未斗之前，双方选择形状体力相当的鹌鹑，放到斗场里，鹌鹑进退盘旋，斗个不停，互相用利喙啄击对方。鹌鹑败了一次以后，就不能再斗，除非是特别优良的，才能调养以后再斗。至于斗败的鹌鹑，随手摔死，当作食品。

王安石曾参与过一起与鹌鹑有关的官司。有一名少年得了只上好的斗鹑，被恶霸看中，想要夺取，少年不肯给。恶霸抢了鹌鹑就走，少年追上恶霸，将其杀死。开封府审案时，断少年以命抵罪。王安石则认为，依照法律，恶霸是公然抢劫少年的鹌鹑，少年追上去是杀盗，乃是无罪。为此王安石弹劾开封府断案错误，导致相关官员入狱，少年也得以开脱。到了后世，上海地方民众最喜斗鹌鹑，一次角斗，胜负以百千贯计，赢者得钱，而输者愿赌服输，不会为了斗鹌鹑发生偷窃追杀案件。

明代从上到下都流行斗鹌鹑，现存的《明宣宗斗鹌鹑图轴》中，明宣宗高坐于上，看两个小内侍斗鹌鹑。《梼杌闲评》第二十三回中记录，皇上在宫中无事，看着那些小内侍们斗鹌鹑，进忠（魏忠贤）也拿着袋子在旁插科打诨。连斗过几个，各有胜负。

鹌鹑除了争斗，还可以食用。俗话云"要吃飞禽，就得鹌鹑"。鹌鹑肉质细腻可口，香而不腻，蛋白质含量高，脂肪和胆固醇含量相对较低，具有滋补功效。

北宋人张耒诗中云"肥兔与奔鹑，日夕悬庖屋"。北宋至道年间，京师鹌鹑繁多，每只不过一钱。大观年间，蔡京在京师摆下宴席，厨役杀鹌鹑千余，这是北宋最安泰的时候了。北宋时，鹌鹑、肥兔均不值钱，到了南宋初年，物价飞涨，"江浙无兔"，鹌鹑也少见，肥兔鹌鹑，成为稀罕物品。

南渡之后，宋高宗赵构的行在，一度设在越州（绍兴）。建炎四年（1130）冬十月，越州天气骤寒，赵构听闻城内百物腾贵，心想此时将士们的生活必然寒苦。太后每日有食物送来，赵构询问内侍价格，内侍云："一兔至直五六千，鹌鹑亦三四百。"赵构遂令此后御膳之中,不要再进鹌鹑与肥兔。

南宋汪元量在《水云集》中,描绘了宋代皇家御宴的菜肴与排场。宴席上,有驼峰、割马、烧羊、广寒葡萄酒、细割天鸡肉、胡羊肉、蒸麋、烧鹿、烧熊肉,更进鹌鹑、野雉、鸡等食物。本为廉价物的鹌鹑,却与驼峰、蒸麋、烧鹿这样的食材,一起进入宫廷御宴。这是南宋将亡之前,最后的荣光了。南宋灭亡后,文天祥被囚,汪元量常去探望,二人以诗唱和,至晚年,汪元量退居杭州,为道士以终。

明代宫廷所用鹌鹑,主要来自南方的进贡。南直隶滁州卫每年两次送天鹅、雁、鹌鹑、鲫鱼等,先送至南京光禄寺,再转送北京。每年滁州卫进鹌鹑一千一百只,其中四十四只鹌鹑,用于奉先殿荐新,剩余的解送光禄寺使用。嘉靖九年(1530)时,将鹌鹑由实物改为折价,每一只折五百文。

鹌鹑在明代宫中的烹调方法,主要是卤煮。卤煮鹌鹑,将肥嫩的鹌鹑整治干净后,先盐渍约一小时,再将鹌鹑放入老卤汤中,煮熟即可,但不可过烂,过烂则无嚼劲。卤煮时,根据需要,决定是否放酱油调色。宫中还有炒鹌鹑,以胡萝卜、羊尾子搭配,爆炒之后,以葱醋调姜末调和食用。

明代宫廷中食用的卤煮鹌鹑,滋味只能想象。今日全国各地多流行吃鹌鹑,方法多为炸、炖。苏州山塘街尚有家卤菜店制作卤煮鹌鹑，味道却有独到之处。此店的卤煮鹌鹑，选用的鹌鹑肉细腻而紧实，配以卤汁烧制后，香味浓郁，令人食欲大增。吃鹌鹑时，直接动手，将一块块鹌鹑肉撕开吞食，别有韵味。

嘉靖八年（1529）时，有御史上奏，请皇帝削减荐新时所用的鸟兽。嘉靖帝考虑之后，命将奉先、奉慈、崇先各殿所用的荐新食品，只用会典所载鹿、兔、雉、雁等物，鹰隼、田犬等一概放掉。户部尚书梁材认为，鹰犬既放，保定府安州等处有养鹰土地九十九顷，宜丈量之后，招民佃种，每亩每岁可征租银三分，在得到皇帝许可之后，开始推行。其他荐新食品，如鹌鹑、野凫等，此后不再使用。鹌鹑等物停用，只是不再输送原物，折换的银钱还得照交。

与鹌鹑一起停止荐新的秃鹙，也称扶老。此鸟到了秋季，鸟头秃如老人，故称秃鹙。李时珍记录"秃鹙，水鸟之大者，出南方有大湖泊处。其状如鹤而大，青苍色，张翼广五六尺，举头高六七尺，长颈赤目，头项皆无毛，其顶皮方二寸许，红色如鹤顶。好啖鱼蛇及鸟"。从元代至明代，秃鹙乃是常贡，献入宫中，充作御膳。

作为贡品，秃鹙与天鹅一起被元朝廷列入限制捕猎的行列。皇庆元年（1312）十二月二十三日，中书省奏，在迤南禁捕天鹅、秃鹙、鸭等。此后每有灾情，元朝廷都会开禁一年，唯大都周围五百里禁捕，其余各地，除了天鹅、秃鹙外，听从民众采捕充饥。

明代各地都要进贡天鹅、秃鹙、雁等。如河南开封府每岁贡天鹅、秃鹙、雁共三百一十八只，湖南常德府每岁贡鹅鸠九十只，松江府华亭县每岁贡秃鹙二十九只，上海县每岁贡秃鹙十只。秃鹙肉气味咸微寒，补中益气，对人体有益。甚至有人认为，秃鹙"炙食尤美，作脯食强气力，令人走及奔马"。元明二代，流行的烧秃鹙方法是，以干净羊肚一个，葱二两、芫荽末儿一两，用盐同调，放入秃鹙腹内烧之，此法也可以用来烧鸭、雁等飞禽。

半翅沙鸡味更鲜

　　明代宫廷饮食中，比较喜欢吃野味，塞外所产黄鼠、沙鸡，是皇宫餐桌上的必备物。

　　沙鸡别称颇多，又称寇雉、突厥雀、沙半斤、沙半鸡、半翅等。

　　早在汉代，沙鸡就是餐桌上的盛宴。汉代史游《急就篇》中记载："野鸡生在山野，鹖鸡、天鸡、山鸡之类皆是也。"古人将鹖鸡、天鸡、山鸡等禽类都归到野鸡之中。实际上，沙鸡与鹖鸡有很大区别。

　　班固《汉书》中云："鹖，色黑，出上党，以其斗死不止。"鹖因为勇猛善斗，在古时以其尾部羽毛装饰武将的头盔。曹操《鹖鸡赋》云："鹖鸡猛气，其斗终无负，期于必死。"在古代的诸多武将造型中，可以见到装点在头盔上威风凛凛的鹖。

三国时期，孙权派遣使者，前往句骊，历经艰难，最终到达。句骊王奉表称臣，贡貂皮千枚、鹖鸡皮十具。到了宋代，《证类本草》中记录，鹖鸡出上党，味甘无毒，食其肉令人勇健。上党即今山西长治一带，群山绵延起伏，很多记载均云此地出产上品野鸡。

沙鸡则没有耀眼的尾部羽毛，也不似鹖鸡好斗，它被推崇的乃是鲜美的肉。唐代《一切经音义》中有记录：沙鸡肉味极美，俗名"突厥雀"，生长沙漠之间，如鹑大。突厥雀来自西北大漠，也象征着游牧部落，故而唐人云"雀从北来，当有贼下，边人候之"。《唐书》云：高宗时，有鸟从塞外飞入。边人看到后惊道："此鸟名突厥雀，南飞则突厥必入寇。"不久果然应验。

沙鸡也称半翅，明代《山西通志》载："半翅，出太原、大同境山中。"冯梦龙《古今谭概》中云："陕西生半翅鸟，鸟倍大如鸽鹑，肉味亦如之。"半翅又称半痴，倒不是因为谐音，因为半翅这种飞禽，看到红色物体后，即环飞不走。捕鸟者着红裙加以诱惑，待半翅靠近之后，以杖击之，唾手可得，故称半痴。明代宫中，沙鸡的烹制方法与鹌鹑相同，多为卤煮，有时也会油炸。将沙鸡清洗干净后，先用酒、盐腌渍一段时间，然后将沙鸡放入卤水汁内，加葱、姜、茴香、桂皮等调料煮熟。

对于沙鸡，明人有很多夸张的想象，如认为沙鸡生在沙漠之中，不食五谷，只吞食沙子。如同唐代一般，在明代，沙鸡也被视为妖鸟，是不祥之兆。崇祯五年（1632）冬，开封有鸟如鸡，千万成群聚集，崇祯十五年（1642）复集扬州，崇祯十六年（1643）出现在丹阳，时人认为，乃是乱象之征兆。到了来年，天下大旱，崇祯帝殉社稷，江山零落。

明清易代之后，清人照样推崇沙鸡。清代戴璐《藤阴杂记》中记录了自己的交际情形。一次入京时，友人邀请他到古藤书屋赴宴，饭菜颇为丰盛，其中"鲍鱼鲖鱼半翅甚美"。清代李稻塍吃了半翅后，作诗云："味合添维笋，羹宜配冻醪。登盘人未识，入肆价须高。"从诗中可以看出，半翅味道极为鲜美，在清代也是罕见之物，故而登盘人不识，入肆价须高。

清人将野鸡、沙鸡做了明确区分。如清代《绿野仙踪》第五十二回中："要请吃顿便饭，怎奈小户人家没个吃的好东西。昨晚小婿带来一只野鸡、几个半翅、一只兔儿、一尾大鲤鱼，看来比猪羊肉略新鲜些，早间原来要亲约，我又怕做得不好，恐虚劳枉驾，此刻尝了尝也还可以，敢请大爷到寒舍走走。"

沙鸡又有一个比较别致的名字"铁脚"。《居易录谈》云："土人呼为半翅，即沙鸡也，亦名铁脚。"冬十二月时，宫廷中食用腌肉、灌肠、油渣、卤煮猪头、烩羊头、爆炒羊肚等菜肴，此外还有炸铁脚小雀，也即沙鸡了。

炸铁脚小雀，其烹制方法：将沙鸡清理干净后，去内脏，在搅拌过的蛋液中滚一下，将锅中油烧至七八成热，下沙鸡，炸至色泽金黄后取出。炸好后的沙鸡，色泽金黄，皮脆肉嫩，配上香料食用。沙鸡不单单被进贡入宫，在京师市场上也有出售，"大如鹧鸪，毛色浅黄，足五指，有细鳞如龟纹"。有人品尝了沙鸡之后，认为味道类似山鸡。

明代还有一种比较特殊的物品"铁脚皮"。明英宗朱祁镇被俘后，也先领了手下，四散抢劫，至月尽回营，日期不等。朱祁镇屡令一起被俘的臣子，写信送回京师，请弟弟送来各种珍稀物件，以讨好也先。景泰元年（1450）二月初一，也先请朱祁镇至其帐中奉酒弹唱，也先三妻皆出叩头，献"铁脚皮"。铁脚皮在后世的解读中，颇让人困惑，多被解读为取暖之物。

在明代，铁脚皮是各地给大明王朝的重要贡物。嘉靖十年（1531）十一月，吐鲁番地方派遣使者入贡。行至肃州东关寺里安时，有在当地的陈太监，派家人王洪，"要去好马五个、玉石三块，留下好的一块重三斤，退回两块"。此外，还有"舍利孙皮[1]三十个、铁脚皮三十条、西羊布二匹、银鼠皮一百八十个、大葡萄六斗、小葡萄五斗"，也被拿去，不知下落。入京之后，吐鲁番贡使决定去礼部告状，走到兵部前面时，恰好碰到陈太监的家人，遂将陈太监家人抓了，去礼部告状。

礼部审讯了陈太监家人王洪，据其供称："在肃州地面与军民人等交易，是陈太监吩咐。与伊买马等项，委实得过马五匹并玉石一块，不知斤两。铁脚皮二十张、舍利孙皮二十张、银鼠皮一百二十张、锁袱[2]一段、萨哈廉一段、锁子葡萄大小共四斗、西羊布一匹，说到甘州与伊价银。"王洪口供中的物品，与吐鲁番所进的贡品，大体相当。礼部判断："夷人所告不虚，事为有据。"

明代有明确规定，不准私下与夷人交易。此番陈太监不管是强抢豪夺，还是出价购买，都是违背法律，需要加以严惩。但在大明王朝看来，吐鲁番贡使到京之后，自行抓住王洪，送去礼部告状，却是有损国威，最后给出了处理意见："既不可堕外夷之计，以损国威；亦不可失远人之心，以召边衅；

---

1 舍利孙皮：即土豹皮，土豹一名舍利孙，皮可为裘。
2 锁袱：鸟兽细毛制成的衣饰。

又不可纵边臣之贪，以屈国法。"据此，将吐鲁番贡使的原物追回发还之后，送出关外。对于涉案的陈太监、王洪等，则严加惩戒。

明代海外各国给大明王朝的贡品中，也包含了铁脚皮。如撒马儿罕贡品二十种，各种珠宝之外，还有羚羊角、银鼠皮、铁脚皮。鲁迷贡品十五种，有狮子、犀牛等，还有羚羊角、舍利孙皮、西狗皮、铁脚皮等。天方国贡品十五种，有羚羊角、铁脚皮等。各国进贡的铁脚皮，却不是半翅了。从铁脚皮与舍利孙皮、银鼠皮等并列来看，应是动物的皮革，可以用来御寒。

至于沙鸡（铁脚）与铁脚皮之间，是否存在什么关联，则缺乏史料加以考证了。

空肠老饕天花菜

明代宫中御膳，山中所产珍品颇多，肉类与各种菇类共同刺激着味蕾。菇类有滇南之鸡㙡，五台之天花、羊肚菜。羊肚蘑菇、天花猴头、云南鸡㙡，均是菌菇。

鸡㙡肥厚壮实、质细丝白，口感与鸡肉相似，故名鸡㙡，有健脾胃、养血润燥、提高免疫力的效果。北方所谓的鸡腿蘑菇（鸡菌），就是鸡㙡。鸡㙡的吃法，通常是煮汤，可将鲜味完全发散，如鱿鱼鸡㙡汤之类。清代赵翼到了云南，尝了鸡㙡后惊叹："老饕惊叹得未有，异哉此鸡是何族？"

鸡㙡的鲜美，能让人的神经中枢得到极大刺激，食欲大增，吃个不停。明代天启帝不大喜女色，只是疯狂追捧鸡㙡。为了满足他的喜好，每年雨季一到，朝廷即派亲信大臣到云南早做准备，采摘之后，快马将鸡㙡从云南运送到京师。天启帝喜欢吃鸡㙡，只赐给自己的乳母客氏与魏忠贤，连皇后都不让尝一口。

明代宫中的羊肚菜即羊肚菌，又称羊蘑、羊肚蘑，因凹凸不平，形如羊肚，故而得名。羊肚菜，南北皆有。古人记录，北方有羊肚菜，生泥淀中，乃是芦苇根所成。云南自古多产菌菇，其中大而香者，称鸡㙡；小而丛生者，称一窝鸡；生于冬者，称冬菌；生于树上者称树窝；丛生无盖者称扫帚，有盖者称羊肚。

崇祯十三年（1640），新城县遭遇旱灾，民皆饥荒，百姓逃亡，时天降雨，田野遍生羊肚菜，甘美可食。县令史能仁赋诗"上天降甘露，满地生羊肚。饥餐羊肚菜，渴饮甘露乳"以示民，劝告民众以羊肚菜充饥，耕种自食。本是无上珍品的羊肚菜，到了饥荒年代，却成为充饥的食物，这却是苦难时代的无奈了。而明末大变革的凄凉，已缓缓拉开了序幕。到了清代，羊肚菌也是宫廷贡物，备受欢迎。清人方濬颐诗云："理藩院里山鸡熟，御膳房中奶饼酥。嫩滑只疑羊肚菌，软烹百叶味尤腴。"

香蕈，又名香菇、冬菇，是明代宫廷的重要调味品。每到冬春之交，在山中砍伐树木，再以米汁浇灌，则会生出菌类。逢雨雪多的年份，生长得更加旺盛。元代贾铭《饮食须知》中载："香蕈味甘性平，感阴湿之气而成，善发冷气，多和生姜食良。"

江南之乌笋、糟笋、香蕈，乃是明代宫廷中的重要贡品。每年浙江进贡香蕈两千两百斤，江西进贡香蕈两千斤，福建进贡香蕈两千斤，广东进贡香蕈一千五百斤。南方其他各省，每年也均有香蕈进贡。

在明代宫廷之中，香蕈是贵人们每日的标配。如乾清宫宫膳，每月香蕈十二两、麻菇十二两。御膳每月有木耳四两、麻菇八两、香蕈四两。慈宁宫膳，香蕈二斤八两、麻菇二斤八两。坤宁宫膳每月香蕈八两、麻菇八两。

新科进士的早晚宴由礼部承办，中午则由宫中赐给酒饭，午餐之中也有香蕈。午餐总计用鹿一只、猪二口、羊三只、鹅十二只、燎猪肉八十斤、粳米三斗、火熏三腿、鸡蛋一百个、豆腐五十连、煮粥猪肉五斤、油醋各二瓶、酱六斤、盐十斤、细粉五十斤、花椒十两七钱、胡椒五两、香蕈麻菇各五两、香油六斤、酒九十瓶。

香蕈在民间多有食用，特别是在素宴之中。如《平妖传》第九回，描述了一次宴席，其中即有香蕈："桌上摆着是一碗腊鹅、一碗腊肉、一碗猪膀蹄儿、一碗鲜鱼、一碗笋干，和那香蕈煮的一碗油炒豆腐……"豆腐虽是普通食物，经过香蕈调味，却是鲜美诱人了。

天花菜（台蘑），又称侧耳、北风菇、鲍鱼菇等。天花菜在宋元之际，就是上流社会流行的食物，且价格昂贵。宋代《梦林玄解》中认为，梦中吃天花菜大吉，因为天花菜乃是高贵之物，梦食此物者，当官者位极人臣，出行者无险阻，走马如飞，做生意者获财货，归舟满载。

山西五台地方出产上等天花菜，北宋黄庭坚有"雁门天花不复忆"之句，南宋陈仁玉则记录"五台天花，亦甲群汇"。元代《荆南倡和集》中记录："天花，产雁门。"明代旅行家潘之恒《广菌谱》中云："天花菜出五台山，形如松花，而大于斗，香气如蕈，色白，食之甚美。"

崇祯六年（1633）七月，徐霞客游山西五台山，八月初五，抵达五台县境内。初七，他寄宿于北台一寺庙，次日下山往衡山，沿途发现"循涧东北行二十里，曰野子场，南自白头庵至此数十里，内生天花菜，出此则绝种矣"。明末大文豪王思任则浮想联翩，至五台，看汾水西流，感李唐王气，山中食古雪，袖天花数朵，归江南以此孝敬老亲。

五台山中，尽是森林，僧人为了开垦土地，常将森林付之一炬。残留下来的枯木，得雨水之后，精气怒生，菌如斗壮，此即天花菜也。五台山所产天花菜，是平菇中的上品，对于身体有较佳疗效，早在唐代就是贡品，南宋时期人们以天花菜做礼物馈赠，到元代还可以拿到市场上换取粮食。明成祖朱棣曾派遣太监前往山西，采集天花菜，此后成为宫廷贡物。

当时的人普遍有种认识上的误区，认为菌类与蛇相关。《饮食须知》有："五台多蛇，蕈感其气而生，故味道鲜美无比。"明代有个故事，云某巡按过山中时，见木下有大木耳一朵，甚嫩好，以为是天花菜也，就摘了煮食。次日属下发现，巡按已被毒死，"因令人掘原山木下，得大蛇如桶大，烧之"。

天花菜是明代宴席上的上等菜肴。明代刘大夏，深受明孝宗信任，与李东阳、杨一清，并称"楚地三杰"。一次大学士李东阳邀请刘大夏，陪孔府衍圣公一起吃饭。当日刘大夏生病，不能前去，遂奉上天花菜，"为宾筵之助"。在座的客人食用后，公认此菜为诸菜之冠，称天花菜为"大哥"云。《金瓶梅》第七十八回中，也有天花菜的描写："拿出数样配酒的果菜来，都是冬笋……天花菜之类。"

除了五台山出产的天花菜，云南所产天花菜，也是名满天下。《徐霞客游记》中记载："白云山中有玄色、白色诸猿，每六六成行，轮朝寺下……又有菌甚美大者，出龙潭后深箐仆木间，玉质花腴，盘朵径尺，即天花菜也。"

云南地方上出产高品质天花菜，除了进贡给朝廷，也是官场上馈赠的重要礼物。过庭训《本朝分省人物考》记载，陈璋升担任云南按察司副使时，曾对一名武官有所关照。后来陈璋升调任太仆寺卿，临行之前，武官派遣其子，快马驰数百里追上，云要馈赠天花……

天花菜成为宫廷贡品，对于民间来说，却是沉重的负担。《嵩渚文集》中收集了咒骂天花菜的民谣二首："天花菜出代州之墟，厥味甘美，上官索之太剧，民苦之。锄天花兮山阿，产有限兮求多，雪没胫兮奈何，挥长镵[1]兮冻欲死，仁哉旻天[2]兮胡生此。""采采天花，雁门之道下，有毒蛇，旁有恶草，君何为兮嗜之苦。"

就天花菜的吃法，元代《饮膳正要》中，记录了一个天花包子的制作方法：以羊肉、羊脂、羊尾子、葱、生姜切细，将天花菜用开水烫熟切细，拌以盐、酱制成馅儿，用白面做薄皮，上笼蒸熟。

明代《宋氏养生部》中记录了酱油炒天花菜：将天花菜去根洗干净，以蔬菜作为配料，将锅中油加热后，加酱油、醋煮热，将天花菜与蔬菜一起下入，加入葱白、胡椒、花椒、

---

1 镵：古代的一种铁制的刨土工具。

2 旻天：秋天。

松仁、油等调味，炒熟即可。天花菜的烹制方法颇多，主要是取其鲜美，更有奢侈者，以鸡㙡、燕窝、羊肚菜、麻菇、海丝菜、竹笋等一起烹调，此等滋味，人间已绝迹矣。

明代小说《梼杌闲评》所描绘的故事与各种场景，多与历史吻合，在描绘宫廷宴饮时，天花菜等菌类也列于其中。一场皇家宴席："走到殿上，见摆着筵宴。正中是中宫娘娘，东西对面两席是东西二宫，侧首一席是皇太子妃，其余嫔妃的筵席都摆在各轩并亭馆中，果是铺得十分齐整。金虾干黄羊，脯味尽东西。天花菜鸡㙡菌，产穷南北。"

就食用菌菇，明代刘基讲了个故事。有个人在山上采到一株菌，色彩鲜艳，光彩夺目。此人以为是灵芝，就背回家，准备食用后成仙升天。此人沐浴更衣，斋戒三天后，将这株菌吃了一口。此株菌有剧毒，此人当即被毒死。他儿子看了尸体后却道："升仙之人，躯体要留在人世，父亲躯体留在人间，必然是升仙了。"于是，儿子也吃了一口菌，不久毒发身亡。全家一看，父子都升天了，于是一起吃菌，全家升天。

虽说吃菌具有一定的风险，可菌类的鲜美，对于人们来说，乃是无法抵挡的诱惑。民间食菌，有时会有风险。宫中食菌，却是安全的，各种菌类列于御宴之上，让皇帝大快朵颐。更有明熹宗这样的菌菇爱好者，美味鸡㙡，连皇后也不肯分上一口。

鹅鸭割切就汤饭

明代宫中所用的饭，花样颇多，如羊肉饭、马肉饭、猪肉饭之类。刘若愚《酌中志》中云："以各样精肥肉、姜蒜，锉如豆大，拌饭，莴苣大叶裹食之，名曰包儿饭，今俗名打菜包。"此即"杏子微黄四月交，嘉蔬取次进天庖。一团碧玉忙收裹，宫女相呼打菜包"。

包儿饭，一说是来自辽东。当地人将白菜、酸菜等叶子摊开，将煮熟的米饭、炒菜、小葱及大酱等铺在菜叶上，再将菜叶合上，包成长卷形，用手握着吃。到了清代宫廷御膳之中，包儿饭一直出现，清廷还将吃包儿饭视为不忘祖先创业之艰。

明代宫中吃得最多的主食应是汤饭。什么是汤饭？就是泡饭。《邗江三百吟》中云："扬城居家，每日两粥一饭。饭在中一顿。中饭或有留余，晚间入锅加水煮而熬之。还有本非多余之饭，以杂菜做羹汤和饭细熬，亦曰汤饭。""汤饭"本意是节省粮食，此后在其中添加各色杂菜羹汤，再发展出了各种精致汤饭。单纯吃汤饭，未免寡淡，扬州汤饭常配以五香小菜、熏烧之类。

明代宫廷教育主要有经筵与日讲，前者只给皇帝开设，后者皇帝和皇太子均开，挑选学问深厚的官员（讲官）给皇帝、皇子讲课。"每日一小讲，又每旬一大讲"，小讲即日讲，大讲即经筵。经筵日讲结束，皇帝必要说一句："先生们吃酒饭。"遇忌辰之日，赐宴无酒，皇帝则说："先生们吃汤饭。"由这句话，可见汤饭与酒，是并列的。

日讲之后的一句"与先生们酒饭"，有着极大的政治意义，它象征着中国的传统理念，即学为帝王师，也表示君臣关系的和谐。在当时的人眼中，讲筵赐宴"不比寻常赐茶饭，人言天子请先生"。到了成化年间，刘主静入阁，建议不要说这一句客套话，"今后酒饭以常例赐，毋烦玉音"。此后有一段时间，臣子讲完，默默而退，先生之称，也不复闻。成化之后，"与先生们酒饭"又重新恢复。天启帝跟着讲官读书，读书完毕，口宣"先生们吃酒饭"，或云"与先生们酒饭"。有意思的是，皇帝赐给的宴席，吃不完，先生们还可以将包括汤饭在内的各种食物打包带回家，与家人分享。

就经筵后的赐食，黄仁宇在《万历十五年》中写道："等到经史讲完，书案依次撤去，参加的人员鱼贯下殿，在丹墀上向御座叩头如仪，然后才能盼来这经筵之'筵'。"此即在左顺门暖房内所设的酒食。这酒食为光禄寺所备，各官按照品级职务就座；其中的讲官、展书官及抄写讲义的人员，则又就座于同阶官员之上。

就宫廷中食用汤饭，《西游记》中也有描写。如第六十二回中："国王听毕，请三藏坐了上席，孙行者坐了侧首左席，猪八戒、沙和尚坐了侧首右席，俱是素果、素菜、素茶、素饭，前面一席荤的，坐了国王，下首有百十席荤的，坐了文武百官众臣。你看八戒放开食嗓，真个是虎咽狼吞，将一席果菜之类吃得罄尽。少顷间添换汤饭又来，又吃得一毫不剩……"

明代朝廷在招待群臣和外国使节时，也广泛使用汤饭。《礼部志稿》中记录，嘉靖间定下天坛大祀后，文武百官的招待规格："上桌按酒四般、点心一碟、汤饭一分，小菜四色。中合桌按酒四般、点心一碟、汤饭二分、小菜四色。"孟春祈古，夏至方泽，春分朝日，秋分夕月，祭祀完毕，光禄寺招待官员，设下酒饭，主要食物就是汤饭，同时配有酒、小馒头之类。

成化、弘治以后，宫中事务繁多，招待任务繁重，传递汤饭的太监也增加到了二百五十余人。天下常贡，已不足宫中之用，光禄寺就让京师中的铺户分担宫中供给的任务，有时还耍赖皮，到市井上赊欠各种物资，也不归还。光禄寺所使用的猪羊等食材比往昔增加了数倍，频繁赊欠，导致很多铺户关门。就这样，小小汤饭，每岁所用米粮万余石，成为巨大负担。

明代宫中所用米粮、果品之类，变动不居，没有固定数额。如弘治年间，岁派米粮十六万三千余石，果品厨料计一百零七万八千余斤。嘉靖初年，岁派米粮十万四千余石，果品厨料一百七十万八千余斤。万历六年，岁派钱粮十八万七千余石，果品厨料一百零七万八千余斤。

每岁十几万石米粮，其中浪费极大。弘治年间，都御史刘大夏曾指出汤饭等膳食中存在的浪费问题。奏折中，刘大夏指出，南方各地，饥民四起，国库空虚，而光禄寺每日所用的牲畜就达数百头，浪费无度。内府各监局及光禄寺中，招收的幼匠、厨役，多至万人，有必要加以裁汰。奏折递上去后，弘治帝看了，心中恻然，下令裁减光禄寺杂役，又取消了一些贡品，削减了光禄寺一些浮费。当时曾有人算了笔账，刘大夏此奏折递上之后，每岁光禄寺节省银钱八十余万。

到了正德年间，刘大夏得罪了宦官刘瑾，被发配肃州（今酒泉）戍边。刘大夏被查抄家产时，却发现其家中一贫如洗，出京师时，送行者人山人海。到了肃州，七十三岁的刘大夏亲自劳作，并云："军，固当役也。"

正德元年（1506）二月二十五日，周玺上奏，指责正德帝登基以来，胡作非为，铺张浪费。正德帝登基九个月，光禄寺的供应更加频繁，每日传添的汤饭就有七十八桌半。周玺算了一笔账，"汤饭每桌猪肉十二斤、十五斤者，或用鸡一只、二只者；肉一斤该银一分，鸡一只该银二分。每日计用猪肉不下九百斤，该银九两，鸡不下七十只，用银一两四钱，是一日则用银十两四钱，一月则用银四百二十两，一岁则用银五千两"。由周玺的奏折也可看出，明代宫中所用汤饭，是配合猪肉、鸡肉等一起食用，以至于汤饭成为宴席的代称。

正德帝某日到大臣杨一清家做客。皇帝饮酒，杨一清侍酒，宫中宦官陪酒，御史监厨。每上汤饭酒水，正德帝赏银五十两，最后积累下来，竟有千余来两。正德帝笑道："与杨先生作茶果资。"说起来，杨一清在官场上的飞黄腾达，还多亏了刘大夏举荐，后来又因为得罪了宦官刘瑾，被捕入狱。杨一清此人，才华横溢，纵横沙场，又能发掘人才，其培养的人才中，最为出色者，乃是王守仁了。

光禄寺为帝王家服务，但管理混乱，乌烟瘴气，所制作的食物，质量可想而知。嘉靖帝对于光禄寺的膳食极为不满，气得要查光禄寺账册，最后也是不了了之。直到明末，光禄寺的饭菜仍未有改善。光禄寺的汤饭虽然难吃，可在明代，吃汤饭乃是臣子的一种荣耀，徐光启曾经记载，有大臣"生叫汤饭，殁邀秩级"。

崇祯七年（1634），张国维升任右佥都御史，巡抚应天、安庆等十府。明亡之后，张国维投水殉国。张国维记载了他在崇祯帝身边时的一些情况。崇祯七年三月初七，群臣上朝召见完毕，宣上旨，赐各官果饼，阁臣以下，俱出槛外叩谢。宦官又告诉张国维，将要派遣他去南方料理漕运事务。

次日一早，张国维到午门外谢恩。午时，宦官捧钦赏银币等物至朝房，张国维设香案跪迎。宦官宣读云："钦赏差往总理河道工部右侍郎兼都察院右佥都御史一员张国维，银四十两，纻丝三表里。"张国维叩头恭领，次早再至午门外谢恩。三月十三日，崇祯帝召见张国维，命翰林官颁给敕书，光禄寺赐给汤饭。张国维叩头接过敕书，出午门吃汤饭，仍于午门外谢恩，当日即出都赴任。

对于中、低级官员来说，汤饭也是日常食物。如明代纪振伦《三桂联芳记·征途》："思量做这官儿，真个叫做扯淡。一连饿了三日，不尝半口汤饭。"吕坤《实政录》中载：依照皇上（万历帝）批准的新条例，酒席上，蔬菜和肉类不超过五种。现在两院三司，公私酒席，只设食果五碟、小菜五碟、素菜五碗、肉菜五碗，剥削果（干鲜果）五碟，点掇菜肴五碟，汤饭三道，其他的黏果、糖卓、花枝、箸签，全部取消。官员到任时的公宴，只用鼓乐一次，以后不用。至于小唱戏子，在公席中全部不许使用。

宣德年间，日本贡使来华，行至通州时，光禄寺办送汤饭。返程途中，各地也以汤饭加以招待。万历年间，蒙古部俺答入贡，特派光禄寺一人，鸿胪寺一人，到塞外设宴，以总帅的标准招待俺答。宴席上，"治碟食、糖果品二张，汤饭五道，色缎二纯，牛五头，羊十头，烧酒三十坛，面饼五千，大米二石"。

汤饭在餐桌上，常与割切联系在一起。割切，乃是明代宴席中的一道重要程序，《金瓶梅》中多见描述。

汤饭又与"三汤五割"联系起来。《金瓶梅》第二十四回："正月十六，合家欢乐，饮酒一般，三汤五割，食烹异品，果献时新。"第六十回："后边厅上安放十五张桌席，五果五菜、三汤五割，从新递酒上坐，鼓乐喧天。"

五割，一般是鹅、鸭、鸡、猪、羊，配合三汤一起食用。从《金瓶梅》中可以推断，三汤之中，必有一汤饭。

　　《金瓶梅》中还有多处汤饭的描写，如："咸食斋馔、点心、汤饭，甚是丰洁""大盘大碗汤饭点心，各样下饭，酒泛羊羔汤""先绰边儿放了四碟果子、四碟小菜，又是四碟案酒、一碟头鱼、一碟糟鸭、一碟乌皮鸡、一碟舞鲈公。又拿上四样下饭来，一碟羊角葱炒的核桃肉……"

　　有明一代，深锁的紫禁城，有钱的大户人家，每至宴席时，将一道道烧鹅烤鸭烹好，由厨师细细割切了，递送上来，配合汤饭食用。食用汤饭在明代极为普遍，乃至于也被作为药膳，甚至添加罂粟。李时珍认为罂粟是前代罕闻，"研其米水煮，加蜜作汤饭甚宜"。将罂粟加入食物之中，这却是今日在火锅里添加罂粟壳的老祖师了。

食鹅的无上诱惑

　　鹅的食用历史悠久，早在先秦时期，鹅就被视为六禽之一，在历朝历代，鹅一直被视为无上佳肴。任何食材，一旦与奢华挂钩，就有各种千奇百怪的烹调方法；只要与鲜美关联，就难逃饕餮之徒追杀。于鹅而言，列入珍贵、鲜美食材的行列，也是悲催命运的开始。

　　历史上鹅的诸般残酷烹饪方法，足以写就一本《鹅的十大酷刑》。南北朝时期，鹅肉被取下后切成细丁，用竹签串成一条，用急火烤炙后迅速食用，鲜美无比。唐代烹制鹅的方法更加奇特，一种做法是将鹅去毛去内脏，放入羊腹中缝好，待烤熟后去羊而吃鹅，称"浑羊殁忽"。也有将鹅放入大铁笼，中间烧起炭火，外用铜盆盛五味汁。鹅绕火而行，渴了即饮汁，如是轮回。在炮烙之刑中，鹅最终毛脱肉熟，五味汁也渗入鹅之骨髓。

宋代食鹅风气盛行，达官贵人之间以鹅作为礼物馈赠。南宋临安每家大饭店的菜单上，必然要列上林林总总的鹅类大菜。《梦粱录》中收罗了一堆与鹅相关的菜肴，如鹅笋、绣吹鹅、闲笋蒸鹅、鹅排吹大骨、八糙鹅鸭、白炸春鹅、炙鹅、糟鹅等，让人食指大动。

宋代还有一道鹅筋饭，《事林广记》中载："客有赴豪贵之席者，乃饭至，食之珍美，不知何来。询之，则是鹅足筋细锉为之。"以鹅筋入饭，所费鹅不知几何。

鹅在明代依然是备受追捧的美食，并将鹅的烹制发挥到了极致。《竹屿山房杂部》中记载了"烧鹅"的三种烹制方法：

"一用全体，遍挼（揉搓）盐、酒、缩砂仁[1]、花椒、葱，架锅中烧之。稍熟，以香油渐烧，复烧黄香。"

"一涂酱、葱、椒，油浇。"

"一涂以蜜，烧。"

《宋氏养生部》中记载了烧鹅、烹鹅、油爆鹅、油炒鹅、蒸鹅、酒烹鹅及熟鹅酢、生鹅酢等十余种烹制方法。

朱元璋素来主张节俭，虽在宫中大吃豆腐，但鹅依然是

---

1 缩砂仁：一种中药材，气芳香，味辛微苦。

宫中的必备之物。祝允明《野记》载："御膳日用三羊、八鹅。"

弘治帝朱祐樘号称节俭，仍日用一羊三鹅，饭桌之上，一只羊是走过场，三只鹅才是皇帝下筷的地方。

宫廷之中，一年四季，鹅的烹制不断变换花样。正月，宫内吃暴腌鹅，也就是今日的盐水鹅。三月初四，宫内换穿罗衣，皇帝至回龙观赏海棠，万象更新之时，自然得来一道嫩笋烧鹅。三月二十八日，皇帝到东岳庙进香，操劳一番后，来份烧笋鹅补补身体。到了十一月，皇帝的菜谱上又有鹅肫掌，作为滋补之品。

暴腌鹅，将肥鹅宰杀后，整治干净，将鹅全身用盐涂抹，在腹内塞入花椒，鹅身上也撒些花椒，放入容器内腌二三日。腌制好后，将鹅取出洗净，放入汤锅内，下各种调料，加盖焖煮，至鹅肉硬酥之后即可。暴腌鹅带有腌制品的咸香，肉质紧致，入口有嚼劲，回味无穷，至今仍是南京等地的名菜。

嫩笋烧鹅，将子鹅宰杀整治，切成大块，嫩笋去壳切块。锅中油烧熟，入笋块、鹅块、生姜翻炒，至七八成熟，放入酒醋花椒，加水适量，放入甘草，盖锅焖烧至汤汁收紧，起锅装盘。烧笋鹅此道菜，兼有鹅肉的肥美酥嫩，又有嫩笋的清滑爽口，利五脏而解热，乃是去火补虚的名菜。

崇祯帝与皇后每月都要持斋多次，可持斋之后，嘴巴淡了，嫌御膳房做的菜食之无味。御膳房无奈，只好使出撒手锏——鹅。厨师将鹅煺毛，"从后穴去肠秽，纳蔬菜于中"，然后将鹅放在沸汤中煮熟，取出后用酒洗干净，再用麻油烹煮之后献上。这道鹅裹蔬菜，香嫩无比，崇祯帝吃后大为赞赏，也不再提倡什么节俭了，为国事操劳的心稍得放松。

宫中除了日常要食用家禽，在各种祭奠上也需要家禽。为了保证供给，上林苑畜养了大量的家禽。上林苑所畜家禽中，鹅的数量最多，以满足宫廷对鹅的需要。据《枣林杂俎》载，上林苑养鹅八千四百余只，鸭两千六百余只，鸡五千五百余只。除了上林苑养的鹅，各地也有鹅作为贡品进献，如湖北麻城地区所产的麻城贡鹅。麻城鹅以高粱、绿豆饲养，养成后肉色红鲜，滋味醇厚，最为皇室所喜爱。只是饲养麻城鹅耗时耗力，"一鹅之肥几人瘦"。

鹅的价格在各类家禽之中，最为昂贵。天启年间，南京市面上："鹅一只，钱五百文；鸭一只，钱二百余文；鸡一只，钱二百余文；猪肉一斤，钱四十余文；羊肉一斤，钱四十余文；牛肉一斤，钱二十余文。"

一只鹅可以换两只半鸡鸭，十余斤猪羊肉，二十余斤牛肉了。

鹅被视作奢侈食物，官员们嘴馋要吃，会坏了官风，故而朝廷派出御史四处巡查，探访可有官员在吃鹅。打铁必须自身硬，御史们要做出表率，坚持不吃鹅。《涌幢小品》载："食品以鹅为重，故祖制，御史不许食鹅。"

虽有御史监督，可官员们终究还是民间俗人，为鹅之美味所吸引。于是吃鹅时，将鹅的头尾去掉，用鸡鸭的头尾代替，也不怕御史前来巡查。被查到了，大不了指鹅为鸡鸭。

到了明代中期以后，皇帝或是胡闹，或是懒得管事，对官员们的管理不再严格，吃鹅已成为官场上极为平常之事，士大夫们吃鹅时也不再掩饰。

"御史不许食鹅"的传统也难以保持，嘴馋的御史们也开始试水吃鹅。据王世贞记载，父亲王忬从御史职位上离职家居时，有巡抚过来拜访。王忬留客吃饭时菜式很简单，荤素菜不超过十道。可招待贵客，怎么也得上一只鹅啊！"进子鹅，必去其首尾而以鸡首尾盖之。曰：御史无食鹅之例也。"

明初文人，举办宴席时尚有所收敛，唯恐招惹结党营私的嫌疑。到明代中叶以后，宴席渐渐走向奢华。作为六禽之一的鹅，自然是宴席上的必备之物，有无鹅不成宴之说。何良俊在《四友斋丛说》中记载，有士大夫请客时一次就杀鹅三十余只。《菽园杂记》中记载，常熟有陈某，家境富裕，夸奢无度，设宴请客时，每个人前面必有鹅之头尾，表示一个人就有一只鹅。

吃鹅的方法被演绎到了极致，甚至到了残酷的地步。无锡有土豪"安百万"，富甲于江左，最豪于食。为了吃鹅，安百万特意筑了一庄，养有"子鹅"数千只，日宰三四只。有时安百万半夜想吃鹅，来不及宰杀，就割下鹅一肢应急食用，吃罢鹅尚未死。若是明代有动物保护主义者，必然要愤慨万分地去解救被虐杀的鹅了。

在明代的食谱中，不时可以看到"子鹅"的记载。"子鹅"是古代名贵的食用鹅，白居易有诗云"粽香筒竹嫩，炙脆子鹅鲜"。《戒庵老人漫笔》中载："金坛子鹅擅江南之美色，白而肥。"士大夫之家以此为招待宾客的佳馔，有条件的都要建个养鹅场。

鹅在明代，地位尊崇无比，至正餐开始时，如果第一道菜是鹅，则证明此宴席是上等酒席。《金瓶梅》中，西门庆迎娶李瓶儿为妾，摆下酒宴请亲友，正餐的头一道就是割烧鹅大下饭。

在商业来往中，请客吃饭，如果不上道鹅，这生意就没法谈了。《见闻乐记》载，浙江桐乡乌、青二镇地方上的牙人（中间商）以招商为业，有富商至时，牙人热情款待，"割鹅开宴，招妓演戏"。鹅一上，自然财源滚滚，黄金万两。

杭州人喜欢吃鹅，据嘉靖朝中期统计，"约日屠（鹅）一千三百有奇"。每日清晨，西湖边上开始屠鹅，哀号之声不绝于耳。一些游湖的士人听了后于心不忍，可一看到餐桌上的美味鹅肉，却又忘了鹅的哀号。

　　鹅除了食用，在南方如绍兴等地，还被用作祭品，逢年过节，在供桌上鹅是断不可少的。绍兴地方上用来祭祀的鹅，要用精谷喂养，称"栈鹅"。之所以有此称呼，是因为养鹅时要用竹栅圈养，使其暗伏不见天日，这样养出来的鹅品相佳，肉味好。鹅也是订婚时男方馈送的礼物，万历《山阴县志》中载"具猪鹅茶饼之类馈送"。

　　鹅也成为社会交往中的馈赠物品，走亲访友，不带上只鹅当礼物都上不了台面。一名穷酸秀才，节衣缩食买了只鹅给学官。可逢年过节，学官家里的鹅收得多了，看着又有只鹅送来，学官无奈地说道："我受你的鹅，又无食与它吃，可不饿死？欲待不受，又失礼节，如何是好？"意思是，收了你的鹅，家里没那么多粮喂，不收又是不给你面子，真是左右为难。

　　秀才很是精明，赶紧道："请师傅收下，饿（鹅）死事小，失节事大。"

　　吃鹅风气盛行，也与鹅的药用价值相关。《饮膳正要》

认为，鹅"甘平，无毒"。鹅肉性平味甘，益气补虚，和胃止渴，治疗虚羸。鹅肉虽是好东西，能滋补身体，不过《本草纲目》中载："鹅气味俱厚，发风发疮，莫此为甚。"

据此民间认为吃鹅会导致动火发疮，发疽之人应当忌食，由此也催生了徐达吃鹅肉身死的传说。传说徐达长了背疽，正在小心养病时，朱元璋赐下蒸鹅一只，徐达只好含泪吃鹅，不久疽发身亡。发疽之后，只是忌食鹅肉，偶尔吃上一次也不会致命。徐达之死与吃鹅肉无关，只是病发而死罢了。

到了后世，随着食材的丰富，食量大、养殖成本高的鹅，不再那么讨喜，鹅的烹制方法也开始趋于单调。今日南北各地，吃鹅最盛者，当为南京，可南京鹅的食法，也不过是盐水而已。至于盛产子鹅的苏州、无锡等地，鹅的吃法，不过盐水、卤煮而已，哪有明人那么多花样。

猪头猪肚猪灌肠

《礼记》中云"君子不食圂腴"，"圂"，猪也，"腴"，猪肠也。后人注解这段话时，绞尽脑汁，认为猪也吃米谷，肚皮内的构造与人相似，故而君子不食猪肠。其实君子不吃猪大肠，很简单，因为处理不干净，猪肠味道太重，吃了有碍君子风雅。

猪下水的食用，在中国古代不是特别普及，在古书中也少见记录。南北朝时，太清真人《九转流珠神仙九丹经》中有修炼仙丹之术，可以助修炼者飞仙，其中配料，取两百斤猪大肠煮熟，用布擦拭干净，放入各种药材，将肠两头系紧，放于蒸笼中，在蒸笼上放米一斛五斗至两斛。如果将肠蒸烂，再以一肠加其上，每夜复加一肠，如此三日三夜，肠内药可成仙丸，"丸如弹丸，服之三日，三虫尽死，十日伏尸，夜视有光"。

元代《历世真仙体道通鉴》中，记录了一名白鹿洞隐者桑俱凤，此名隐士，不近人情。某年寄宿于阆州紫极宫，买了猪肠准备食用，就着道观中的平底浅锅，汲水洗涤。观中道士看他要煮猪肠，大为不满，不肯借厨具给他烹饪。桑俱凤也无所谓，拿了猪肠，"生噉之"。到了冬夜，四窗漏风，室中一榻，风霜切骨，桑俱凤乃脱布衫于架上，裸露酣寝，众人大骇。如同《水浒》中造反的好汉们要吃牛肉，表明自己的反叛气质；道教的修炼者们，也需要猪大肠这样的食物，来表明自己的仙气。食肥腻味重的猪肠而得修仙，更显功夫。

至于猪肉，贵族们还是要吃的，不过要吃出花头来。晋武帝曾至王济的宅院中吃饭，供馈丰盛，所有餐具，是当日最奢华的琉璃器，也就是玻璃器皿。菜肴之中，有一道蒸猪，口味极美。武帝询问其中缘由，王济答："以人乳蒸之。"武帝听了，大为不满，贵戚竟奢华如此，当场拂袖离去。

因为猪肠的观感不佳，故而灌肠制法出现虽早，用的却是羊肠。南北朝《齐民要术》记录有灌肠法，取羊盘肠，清洗干净，将羊肉细切为馅儿，再细切葱白，以盐、豉汁、姜、椒末调和，咸淡适中，灌入羊肠之中。南北朝时公认，将灌羊肠烧烤吃了最香。

到了宋代，灌肠的食用相当普及，羊灌肠、猪灌肠都大行其道，但食客还是不称猪灌肠，只说灌肠。如《东京梦华录》中记录了一堆灌肠美食，但灌肠是羊灌肠还是猪灌肠，却不交代。宋代南方各地，富人家有小孩出生后三日或满月，会做团油饭，"以煎鱼、虾、鸡、鹅、猪、羊、灌肠、蕉子[1]、姜桂、盐豉为之"。这道美餐中的灌肠，也分不清是猪灌肠还是羊灌肠。苏轼曾记录了一道"白血灌肠"，依东坡先生饮食爱好来说，必然是猪灌肠了。

到了明代，往昔贵族宴席上以羊肉为贵的潮流改变，猪肉成为餐桌上的主流，就连皇家也丝毫不在意"君子不吃猪肠"了。宫廷之中，猪灌肠、大小套肠、带油腰子、猪膂肉（猪里脊肉）、猪肉包、猪蹄筋，猪的各个部分都被分解享用，还分时令吃，如四月吃白煮猪肉，十一月吃糟腌猪蹄、猪尾，十二月吃猪灌肠、油渣、卤煮猪头等。

猪灌肠，取猪大肠洗净，用盐、醋反复摩擦，去除大肠上内外部的黏液，再用温水多次清洗，至无异味。将清理好的猪肠切成三段，用竹管吹气，使肠皮涨开，将肠口用绳系住，风干一日夜。将精嫩猪肉整治干净，剁成小块，风干四五日或七八日，以椒末、微盐揉过，以色红为度。将干肉放入猪

---

1 蕉子：此处是指芭蕉子。

肠内，压实，旋即下锅，以老卤汁煮，煮熟后取出晾凉，随时切片取食。猪灌肠的制作，以冬日为佳，可以保存。猪灌肠兼具猪肠的柔韧，肉馅肥鲜，又有干肉的咸香。

《六十种曲》中，有一名光禄寺厨役，自称在三百名厨师之中厨艺无敌，"刀砧使得精细，作料儿下得稳实，馒头摩的光泛，线面打得条直，千层起的泼松，八珍配得整饬""开元皇帝最喜我葱花灌肠，太真娘娘喜我椒风馄饨"。不过，厨役因御汤里有个虱子，被抓了痛打后革职。至于葱花灌肠，约是将葱花切碎了，与肉酱等拌匀，制成灌肠。

明代大画家沈周《石田杂记》中，记录了一道炒荸荠猪肠。将干荸荠片切了用油爆炒，不要盖锅，待熟时倾白酒些许，则更肥美。制作干荸荠片，也见真功夫。江南地方，将荸荠用稻草仔细捆装好，悬在屋檐下，待以时日，就会自然风干。荸荠与慈姑都是水鲜，江苏靖江有一道慈姑炒大肠，也是美味。

与猪大肠相比，猪头的地位还稍微高一些。宋元丰五年（1082），苏轼谪居黄州，安定下来后，给堂兄苏不危（字子安）写信，介绍了自己的情况。苏轼在城中得荒地十数亩，躬耕其中，又建草屋数间，名为"东坡雪堂"，由此得名东坡。在此间，苏轼种蔬接果，聊以忘老。喜好美食的他，不时亲自烹煮猪头，灌制猪血肠，做姜豉菜羹。此心安处是吾乡，此肉到肠真释放。苏轼估算了下，信寄到堂兄手中时，约是过年时节了，各地都可听到杀年猪的声音。他在信中写道："老兄嫂团坐火炉头，环列儿女，坟墓咫尺，亲眷满目，便是人间第一等好事，更何所羡。"

对于猪头，苏轼相当喜欢。他曾作有《煮猪头颂》："洗锅浅着水，深压柴头莫教起。黄豕贱如土，富者不肯吃，贫者不解煮，有时自家打一碗，自饱自知君莫管。"

北宋崇宁年间，《漫叟诗话》的作者到兴国军（治所在永兴县，今湖北阳新县），太守杨鼎臣请吃饭，满桌都是地方土味，其中有"蒸猪头肉"，很是诱人。闲谈时杨鼎臣说起四川人喜吃猪肉，家家养猪。四川人将猪称为"乌鬼"，杜甫诗中曾有"家家养乌鬼，顿顿食黄鱼"之句。四川制作猪头肉，猪头不劈开，以草柴火熏去毛，刮干净后，用白汤煮，连续换汤煮五次，不入盐。煮五次后取出，冷切作柳叶片，加入长段葱丝、韭、笋丝或茭白丝，用花椒、杏仁、芝麻、盐拌匀，洒上一点酒，用蒸饼卷食。

元代时，倪瓒在《云林堂饮食制度集》中记录了煮猪头肉的食谱。将猪头肉切作大块，以水拌好酒、盐，配少许长段葱白，混花椒，入锅内浓汤炖一夜，要吃时加上糟姜片、新橙、橘丝等。如要做汤，将糯米擂碎，与生山药一同炖，猪头一只，可做糜四份。

朱元璋出自民间，坐拥天下，对于饮食却没有特别要求。是故有明一代，各种民间食物乃至于猪肠、猪肚、猪头这样的食物，也出现在宫廷菜单上。明代每年宫廷用猪量颇大，《大明会典》载，每年浙江等省解送祭猪一百五十头，每头重一百五十斤；肥猪一万八千九百头，每头重一百斤。后来征折色银，祭猪一头，折银五两；肥猪一头，江北地方价银一两九钱五分，庐凤及江南折银一两七钱。

明代宫中，每到十二月，吃油渣卤煮猪头。其制作方法：取整个猪头，劈为两片，在开水中略焯，出锅再用清水洗净。将整治好的猪头入锅，加葱姜茴香等调料，盖锅煮沸后，加入黄酒，慢火烧至汤汁减半，再加入酱油、盐、糖、猪油渣等，煮至猪头收汤即可，不可过烂。将猪头取出后，去除猪骨，冷却后切片食用。在煮猪头中放入油渣，既取其香味，油渣也可吸油。

宫中烹制出各种精美的猪灌肠、猪头，可还是不能满足宫中的饕餮之欲。京师中有胡同叶家，专煮猪头，内则宫廷，外则勋戚，皆知其名，纷纷采购。蓟镇等处边关将帅，派遣属下，快马加鞭，采购猪头，以供一快，乃是太平时代的胜景也。

从宫廷到民间，明代普遍食用猪头、猪灌肠之类。如明代《醉醒石》中"到家，王四叫拿酒来，先摆下一碗炒骨儿、一碗肉灌肠，还有炸鸡、烧肚子……酒水是内酒"。再如《雍熙乐府》中："羊背皮着酱擦，烧猪头着滚醋儿泼，残零的按酒着椒盐抹。"将腌渍后的猪头，挂在叉子上，放入炉内烧烤，烤熟之后，肉质软嫩，肉皮干脆，香味四溢。

猪下水中，猪肚、猪肠、猪肺，一直不受古人待见。在唐以前，猪肚被用来入药，而不是食用。汉代《金匮玉函经》中就有"猪肚黄连丸，治消渴气虚"；宋代有"猪肚丸"，云可治脏寒泄，元代有猪肚方，可治老人脚气烦热。猪肚食用较少，主要还是清理起来比较困难。在明代之前，猪肚一直被视为入药的材料，而不是食材。唐大历年间，相国王缙饮酒时必食猪肚，被当时人视为异举。

到了明代，食用猪肚，开始普及。冯梦龙《古今小说》中记录了一个猪肚的烹制方法："金奴与母亲商议，教八老买两个猪肚磨净，把糯米莲肉灌在里面，安排烂熟。"《易牙遗意》中有酿肚子，用猪肚一个，酿入石莲肉，洗擦苦皮，至净白。再以糯米与莲肉，对半实装肚子内，用线扎好，煮熟冷切食用。与猪肚同样命运的，还有猪舌，在明代之前一直被用来入药，直到明代，才作为食材被普遍接受。

　　猪肠、猪肚、猪头之类的食品，经过明代的发扬光大，一直延续至今。今日苏州地方，过年时有将糯米填入鸭、猪肚、猪肠、鹌鹑之中，制成美食的习俗。被糯米填充后的鸭、猪肚、猪肠、鹌鹑之类，称为八宝鸭、八宝肚、八宝肠、八宝鹌鹑之类。八宝肠分加酱油和不加酱油两种，蒸熟之后，油光四射的大肠，包裹着松软的糯米，香味扑鼻，松软可口。

突兀驴肠使人惊

　　驴肉的食用，在中国古时不是特别流行，因为驴乃是重要的交通工具，不能轻易食用。

　　到了北魏，《齐民要术》中记录了一个制作带骨肉酱的方法，"驴、马、猪肉皆得"。约是南北朝时，驴肉得到了食用，并产生了一批嗜驴肉驴肠者。古人饮食，各有所嗜，"文王嗜菖蒲，武王嗜鲍鱼，吴王僚嗜鱼炙……王莽嗜鳆鱼，王右军嗜牛心，宋明帝嗜蜜渍鲑鮧[1]，齐宣帝嗜起面饼鸭臛（鸭肉羹），不一而足，至于陈后主，则最嗜驴肉"。

　　陈叔宝当皇帝时，贪酒好色，每日里沉浸其中，少有清醒之时，自然亡国。隋文帝擒获陈叔宝后，对负责监控的官员有交代："任他

_____

1 鲑鮧：用鱼鳔、鱼肠制成的酱。

喝酒，不然何以过日？"不久之后，隋文帝询问监控者，陈叔宝有何嗜好？监控者答："嗜驴肉。"驴肉之外，陈叔宝更贪杯，与其子弟每日饮酒一石。对于这个贪杯的阶下囚皇帝，隋文帝也有较多关照，每有宴饮，即邀他作陪。每看陈叔宝畅饮之后出殿，望着他的背影，隋文帝叹息："此人之败，岂不由酒！"陈叔宝喜欢吃驴肉，约是驴肉的滋补功能。唐代孙思邈《千金要方》中载："驴肉，味酸平，无毒……能安心气。"

唐代时，食驴较为普遍，唐人李令问就"好美服珍馔……有炙驴"。到了开元十一年（723）十一月，唐玄宗颁布《禁杀害马牛驴肉敕》，以保护牲畜。"马牛驴，皆能任重致远，济人使用，先有处分，不令宰杀。"此后非是祭祀，不得进献马牛驴肉，王公以下及天下各州，皆不得随意杀害，各州县官员及监牧、诸军长官要切加禁止，御史则要随时加以弹劾。

虽说朝廷明文禁止吃驴肉，可民间乃至官方，不时还是会吃驴肉。天宝中年，曾有奇人告诫岐州（今陕西省凤翔县）主簿杨豫，后八个月内，不得吃驴肉，吃了则会发病，不可救也。杨豫牢记告诫，注意不吃驴肉，某次有老友请吃饭，误食驴肠数段，到了晚间，腹胀而亡。

宋代时，驴肉备受文人雅士的追捧。欧阳修是个潇洒的人，生活中比较率性，对于喜食的驴肉，还不忘向友人索取。在给友人的信中，欧阳修先是寒暄了一番，又谈及自己的牙齿疼痛，想要拔牙。不过大夫认为现在不适合拔，要等根脱之后，拔牙比较省力。虽然牙痛，欧阳修却不忘嘱咐："驴肉，多荷多荷。"

宋真宗时期，大臣马知节率真不做作。一次真宗去泰山封禅祭天地，随行的大臣都要沐浴更衣，不吃酒肉。到了泰山脚下，真宗对随行的诸大臣道："一路上素食，辛苦诸位了。"但宰相的僚属中有私下偷吃驴肉的，马知节就回禀皇帝："也有打杀驴子，偷吃肉的。"回到京师后，皇帝于高楼设宴，开封府将城里的穷人都赶了出去。真宗在高楼上，看到城内的民众都是红光满面，衣着华丽，高兴地对群臣道："天下兴盛，都是你们的功劳。"马知节过来泼冷水道："穷人都被赶到城外去了。"真宗知道马知节真诚，反而更加亲近他。

俗称"天上龙肉，地下驴肉"。驴肉饱含蛋白质，具有较好的滋补功能，但在中国古代，驴肉的地位却不是很高，低于猪肉、羊肉。靖康之变，汴京沦陷，加上雨雪不止，导致物价飞涨，"斗米一千二白，斗麦一千，驴肉一斤一千五百，羊肉一斤四千，猪肉一斤三千"。民众为了取食，在池中取鱼藻之类，城里的猫狗，基本被吃光，游民冻饿死者十之六七，遗骸遍地。虽说战争状态下，物价飞涨，由此也可看出，宋代驴肉的价格只有猪肉的一半，更不能与羊肉相比。

汴京失陷后，宋徽宗、宋钦宗被金国擒获，送到极北之地，每日里思念中原。到了北地，皇帝曾经拿笔的手，开始入厨房烹调起来。某日宋徽宗亲自动手烹调，命左右去市集购买茴香。左右买了一包用黄纸包裹的茴香回来，打开一看，黄纸上却是宋高宗所颁发的"中兴敕书"。由此宋徽宗才知道，南宋小朝廷尚存。又云某年，有一南方人来北地售卖驴肉，宋徽宗买驴肉时，发现包裹的纸张是"中兴敕书"。被囚禁在五国城的宋徽宗，远离故土，偶尔通过来此间从事贸易的商人，才能获得些许南宋的消息。

唐宋二代，驴肠被视为美味，备受推崇。日本《禅林小歌》中，介绍源自中国的唐代茶会时写道："端上水晶包子，驴肠羹"以及各种美食。宋代黄庭坚作《次韵谢外舅食驴肠》诗："忽思麒麟楦[1]，突兀使人惊。"某年外舅谢景初请吃驴肠，黄庭坚描述了驴子被杀前的景象，驴子垂头畏惧庖丁，死前还发出哀鸣，祸害就在驴肠。驴肠取出后，和以花椒、鲜橙

---

1 麒麟楦：唐代，人们称演戏时装假麒麟的驴子为麒麟楦。

之类烹调，却让黄庭坚忘记了先前驴子的哀鸣。

　　北宋丞相韩缜，平生严苛，令行禁止，嗜食驴肠，每宴客必用之，以至于再三。吃驴肠，追求的是脆美，而驴肠入鼎煮过熟则会糜烂，火候不到则坚韧难嚼。厨师畏惧韩缜，为了满足主人的口感，缚驴于柱，一旦有需要时，立刻杀驴取肠，洗干净之后放在汤中烹煮，取出来调味后，立刻端上，以求香脆。当满座的贵人们大吃驴肠时，厨师拿了纸钱，于门缝中偷窥，待众人带着满意的表情放下筷子后，则立刻烧纸钱向空中祷告，以求驴子原谅。有客人如厕，路过厨房，看见驴子被活杀抽肠惨状，吓得此后不敢再吃驴肉。

　　元代南北皆吃驴肉，郭畀某年作客长兴，陈继之邀请他吃早饭。饭后出东门散步，游冲真观，历历皆旧游处。回路时，买了肥驴肉，沽酒共饮，饮罢自麒麟坊转大雄寺。归路上时闻踏黄叶声，又见一二小童拾坠樵于古松下，不胜故山之思。

　　明代时，宫中及民间均流行食驴肠。《六十种曲》载有"驴肠鸥炙（烤鸥鹰），兔首熊蹯（熊掌）"等物。明代宫中有道姜丝炒驴肠，驴肠经过大火爆炒后，配以姜丝，脆嫩滑口，美味无比。《宋氏养生部》中载："驴肠，漉汁[1]煮熟，复沃香油，炙干。宜蒜醋。"

---

1 漉汁：动物身上渗透出的水分。

隆庆帝登基之后，推崇节俭。某日，隆庆帝想吃驴肠，太监请将驴肠列入御膳菜单中。"如此则每日要杀一头驴子"，隆庆帝竟不许。每年的娱乐行幸，光禄寺送上的菜单，隆庆帝都要挑选最便宜的，每岁节省经费数以万计。又一日，隆庆帝想吃果饼，命太监去询问。不一会儿尚膳监及甜食房过来回报，每个果饼要银数十两。隆庆帝笑道："此饼只需银五钱，便于东长安大街勾阑胡同买一大盒矣，何用多金。"内臣一看皇帝对于市面如此熟悉，俱缩颈而退。隆庆帝在做皇子时，对于京师还是比较熟悉，也知晓物价，不好忽悠。

　　冯梦龙在《古今谭概》中讲了个故事。有张县令，以能吃而闻名，在家居住时，每每不能吃饱。一日邻居家有头驴子死了，低价出售，张县令就买了下来。刚煮熟时，恰好妹婿前来拜访，他也以能吃而闻名。张县令就邀请妹婿一同吃饭，妹婿知道是驴肉，不大想吃，推辞说刚吃过饭。不一会儿肉端了上来，有两大盘，每盘各有十余斤，另有胡饼百余，蒜、葱、醋、酱齐备。张县令用手吃肉，不一会儿就将自己盘里的肉吃光，看妹婿才吃了一半，就吃不下去了。张县令大笑道："果然是吃过了饭的，食量这么不济，我来替你吃吧。"就将妹婿盘里的驴肉吃光，又饮了二斗浊酒，方才站起来抚摸着肚皮笑道："今日始得一饱。"张县令每次煮肉，都让不要煮得太熟，声称："煮熟了要我的胃有何用？"又指着肚皮道："这难道还不如一口大锅吗？"

到了后世，驴肉照样受到一些食客的追捧，吃驴肉，常以虐杀的方式来进行。山西省太原市内有晋祠，人烟辐辏，商贾云集，其地有酒馆，所烹驴肉最为香美，远近闻名。每日来吃者数以千计，称为"鲈香馆"，取驴的谐音鲈。鲈香馆以草喂驴，养得极肥，要吃时，先用酒将驴灌醉，欲割肉时，先钉下四个木桩，将驴子四足捆住，以木棍一根横于背，击打头尾，使之不得动。初以开水浇灌驴子，将全身毛刮净，再以快刀零割，要食前后腿或肚或背脊或头尾肉，由客人自己挑选，客人下筷时，驴尚未死绝。

因为吃驴肉的残酷性，民间还有与吃驴相关的善恶报应传说。河南有某大司马，好食驴肉，以蒸羊肉拌豆喂驴，驴至极肥始宰杀。此后报应来了，大司马有十个儿子，九个被流寇所杀，长子虽然当了大官，后来也死于乱军。

到了清代，驴肉不时会出现在食客的食谱中。如《儒林外史》第四十二回中："那嫖客进来坐下，王义安就叫他称出几钱银子来，买了一盘子驴肉、一盘子煎鱼、十来筛酒。因汤六老爷是教门人，买了二三十个鸡蛋煮了。"

今日中国各地，仍有不少因善于烹制驴肉而闻名者，更有琳琅满目的全驴宴——以驴子身体的各个部分，如驴肚、驴肠、驴肝、驴肺、驴心、驴蹄等，烹制出种种美食。不过驴肉的食用，在当下具有明显的地域性，且以北方食驴居多。如河间驴肉火烧，名满京城，可在南方，却是罕见之物。敦煌驴肉，美味无比，也只限于西北一地。

新科进士羊背皮

在明代宫廷之中，有一种食物"羊背皮"，却是吃羊肉的最高境界了。羊背皮，即羊的背部，这道食物，由元代传承而来。

元代《饮膳正要》有羊背皮的烹制方法：将羊背卸成块，配以草果五个、良姜二钱、陈皮二钱、去白小椒二钱，用杏泥一斤、松黄（松花）二合、生姜汁二合，同炒葱盐五味调匀入盏内，蒸令软熟。

元代李士瞻，于至正元年（1341）中大都路进士，后迁户部尚书，出督福建海漕。李士瞻曾给友人周宗道发去盐引[1]三百，托其帮忙经营，又有"秋盐羊背皮二枚，胡桃四百颗"，

---

1 盐引：古代官府在商人缴纳盐价和税款后，发给商人用以支领和运销食盐的凭证。始于宋代。

作为礼物相赠。周宗道乃是温州地方上的大土豪，在当地有较强的影响力。作为当时社会的上层人物，往来之间，以羊背皮相赠也是寻常之事。元朝廷对周宗道也多有笼络，曾赐给御酒、羊背皮之类。到了朱元璋起兵之后，周宗道站队正确，"以平阳归附于我明"。

镏绩与元末的大臣有很多交游，对蒙古人的生活有很多记录。据他记录，大臣哈喇章特别能吃，右丞潘公邀他吃早饭，共计吃了"北羊背皮一、烧鹅一、东阳酒一坛、饼子一箸，先割羊鹅肉卷饼食尽"，以余肉下酒，大口饮尽。哈喇章在枢密院中，负责各地大员到大都的接待工作，能吃能喝也是重要的工作能力。

元亡之前，刘佶陪同元顺帝一起出逃，将此番经历称为"北巡"，后著有《北巡私记》。至正二十八年（1368）闰七月二十八日，元顺帝在清宁殿召见群臣，表示将要出逃，群臣都沉默无语，只有哈喇章表示反对，但却无效。当夜元顺帝带了群臣，从大都仓皇出逃。二十九日，车行至居庸关，三十日，车行至鸡鸣山。八月初一，道路泥泞无比，是夕驻跸营口。刘佶已经几日没有吃饭，就找到善吃的哈喇章，二人于毡帐中炙羊肉充饥。次日，明军攻克大都，元王朝终结。后哈喇章坐着去世，死时天气炎热，遗体敛坐龛中，三日容色如生，观者啧啧。

元代陶宗仪《南村辍耕录》中记录，宋监纳到大都谋取功名，得了鬼帮忙，获了笔财宝，娶妻纳妾，生子育女，为富家翁。鬼不时过来借些东西，家中不时也会丢失金银之类物件。鬼很有信用，借钱之后，必然归还。又一日，家中失去熟羊背皮。鬼云："我借用了，明日当还。"次日，一大绵羊自外走入，是为补偿。此故事中的熟羊背皮，也是富翁家中的大宴了。

元代新科进士，在金銮殿上赐宴，"须臾，赐进士食三品：赤焦肉饼二枚、天花饼二枚（只是素饼）、羊肉饭一盂（并羊羹饭肉，有荡粉，皆三品饼）"。这其中，还未用上羊背皮。到了明代，进士赐宴食品更为丰富，其中一些还承袭了元代风格，如赐给羊肉饭，此外还有更上等的羊背皮。

明代进士恩荣宴，初期仿效元代，赐给羊肉饭及其他馃子、茶食等，到了弘治三年（1490），开始出现羊背皮。弘治三年定下宴席标准："上桌按酒五盘、果子五盘、宝妆茶食五盘、凤鸭一只、小馒头一碟、小银锭笑魇二碟、棒子骨二块、羊背皮一个、花头二个[1]、汤五品、菜四色、大馒头一分，

---

[1] 花头二个：出自《大明会典》，这里的花头指杂食之类。如《六十钟曲》中云："数十样花头玉果伺候郡主一对儿。"

添换羊肉一碟、酒七钟。"其他桌子上的菜肴大致差不多，只是没有上桌的羊背皮。

"以背为敬"是草原民族的饮食观念，羊背被视为羊身上最为尊贵的部分，用来招待贵客。草原民族以背为贵的习俗，到了明代也被传承下来。明代《留青日札》中云，酒席中的羊背皮，被用来进给最尊贵的宾客，有时则用马背皮。贵戚之家有道菜，称为"割牲"，以数十骏马，牵到堂前给众人看过，再以一庖丁，持利刀，飞刀取肉，割下后立刻献上，以夸豪奢也。

明代的重要宴会场合，多会使用羊背皮。明初，浙江鄞县人郑真，以学行闻名于世。某年于雨中入嘉兴城，拜会当日的文坛重镇鲍恂、马新仲两位先生。马新仲以羊背皮及官酒两瓶，与诸进士共享。

宴会场合中使用羊背皮，在文学作品中也多有描写。《雍熙乐府》中，在多次宴会上出现羊背皮，"彩帛铺裁成的锦套衣，筵席上抬着是羊背皮，鼓儿笛儿摆布只，送行的酒果花盘列的整齐""止不过茶房赶趁，酒肆追陪，陷了些小根脚兔羔儿，新子弟抬了些大馒头、羊背皮，好筵席每日价坐排场，做构栏""羊背皮着酱擦，烧猪头着滚醋儿泼，残零的按酒着椒盐儿抹"。

羊背皮无疑是明代宫廷宴饮中的大菜，而羊肚、羊尾、羊头之类也受到追捧，出现在宫廷的餐桌上。《酌中志》中，就羊肉、羊肚、羊尾、羊头的食用，有很多记录，如炮羊肉、炒羊肚、烩羊头、爆炒羊肚等。

说起来，如同鲍鱼一般，羊肚、羊头的名头并不好。后汉时，李轶、朱鲔专擅，胡乱封授官爵。所授官爵者，皆群小之辈，又有膳夫、庖人得了官爵，横行于市。长安人讽刺道："烂羊胃（羊肚），骑都尉。烂羊头，关内侯。"羊肚、羊头，在古时乃是底层社会的食物。一群宵小之徒，突然得了官爵，被长安民谣谩骂，后世常用"羊胃羊头"比喻贪腐官员。

到了宋代，宫中常食用羊胃。宋代宫中祭祀必用羊肚，每次须杀二十五头羊。绍兴三年（1133）二月十五日，宋高宗下诏，此后在祭祀祖先时，将羊肚以其他物品替代。明代宫中，有一道爆炒羊肚。

爆炒羊肚，将羊肚洗净，细切条子，一边大滚汤锅，一边热熬油锅，先将羊肚子入汤锅笊篱一焯，就火急落油锅内急炒，将葱花、蒜片、花椒、茴香、酱油酒醋调匀，一烹即起，香脆可食，如出锅稍慢，即如皮条般难吃。

明代京师酒肆中，冬季最受推崇的就是汤包肚。汤包肚，即将羊肚子放在水里煮熟，取出后调以佐料食用。到了十月份时，宫中太监常制作汤包肚，以椒姜等调味食用。清代《孽海花》中也有汤包肚的描写，"太太立刻把嘴里含的一口汤包肚吐了出来，道：'我最恨厨子有胡子，十个厨子烧菜，九个要先尝尝味儿，给有胡子的尝过了。'"

羊肚可烹制成羊肚汤，此道美味还诱出了一场惊天动地的冤案。《窦娥冤》中，窦娥的丈夫死后，她和蔡婆婆相依为命。流氓张驴儿欺负蔡家婆媳，与他父亲张老儿赖在蔡家，逼迫蔡婆婆嫁给了张老儿，又想娶了窦娥，遭到拒绝。蔡婆婆卧病在床，想吃羊肚汤。窦娥将羊肚汤做好后，张驴借口帮端汤，乘机在汤中投毒，想毒死蔡婆婆，再迎娶窦娥。不想蔡婆婆突然呕吐，不想吃羊肚汤。张驴儿的馋嘴父亲张老儿，挡不住羊肚汤的美味，将汤吃了，结果被毒死。

就羊头的食用，元明两代有颇多经验。元代《居家必用事类全集》中有"法煮羊头"：将羊头清理干净下锅煮，入葱五茎、橘皮一片、良姜一块、椒十余粒，将水烧滚后，入盐一匙，再慢火煮熟，取出冷却后，切片食用。

每到寒冬时，明代宫中食用"烩羊头"。其制作方法是：将羊头整治干净，开水中略焯，清水清洗，入锅，加葱姜茴香料酒，也可放入蘑菇取鲜味，盖锅煮至半熟后，将羊头取出，去掉羊骨、羊眼，再入锅，加调料煮熟。出锅冷却后，切成薄片食用。烩羊头这道菜，肉与汤共食绝佳，能去虚补气，安心止惊，是冬季的滋补菜肴。

"浓煎凤髓茶，细割羊头肉，与江湖做些风月主"，说的也是羊头肉的吃法。明代北京的羊头肉，乃是京中一绝，羊头肉切得薄如纸，撒以椒盐屑面，用以下酒，为无上妙品。到了清代，羊头仍大行其道，各种商铺烹煮出诱人的羊头来。花上一二文钱，在小摊儿上买薄切的羊头肉，撒上点花椒盐，边走边吃，乃是穷人家的无上享受。只是清代皇帝不食羊头，错过了这道人间美味。

宋人有诗云"老去声名惜鸡肋，世间富贵烂羊头"。白发老翁，一无牵挂，鼾睡之声，震动山林。年迈之后，方才知道，富贵荣华，如同鸡肋般无味。世间富贵，就如同一碗烂羊头。可年轻之时，谁会将声名与富贵看作鸡肋，将富贵视为烂羊头呢？

第四章 海错水鲜味尤佳

食熊则肥食蛙瘦

青蛙，古时别称颇多，如蛔氏、虾蟆等。寇宗奭曰："蛙，后脚长，故善跃，大其声则曰蛙，小其声则曰蛤。"

《周礼·秋官·蛔氏》云："蛔氏，掌去蛙黾。"蛔，即青蛙，"齐鲁之间，谓蛙为蛔"。周礼职官之中，设蛔氏一职。这个职务的主要工作，是驱赶青蛙。蛙鸣，在当日的贵族听来，乃是令人烦躁的噪声，不得不设置一个职位，加以驱逐。

东汉时，青蛙乃是宫廷御膳食品。郑康成云："蛔，今御所食蛙也。"青蛙不单单是御食，也是祭祀时的重要贡品。《汉书》卷六十八载："丞相擅减宗庙羔、菟[1]、蛙，可以此罪也。"

---

1 菟：旧时兔的俗字。

即丞相如果擅减供祭的羔菟鼃[1]，则是大罪。

在汉代，从宫廷到民间，均普遍食用青蛙，不过穷人食用得更多。据《汉书》记录，鄠杜（鄠县与杜陵）之间，水中多蛙，当地人靠吃青蛙得以生存。汉武帝曾想扩大上林苑，将阿城以南，盩屋以东，宜春以西的土地纳入。东方朔加以反对，他的理由是，此地域内水土丰茂，水中多产蛙鱼，穷人可以靠着这些食物充饥。

秦汉时期，南北方都食用蛙肉。魏晋南北朝开始，北方开始放弃吃蛙，而南方继续吃蛙肉，北方人为此嘲讽南方人云"蛙羹蚌臛，以为膳羞"。魏文帝曹丕曾将青蛙列入御膳之中，后来突然梦到数百绿衣人，祈求饶命。醒来后曹丕领悟，绿衣人乃是青蛙，遂下令禁止捕蛙。此段故事只是戏说，是不是因为曹丕之禁，导致北方不再食蛙，今日已难考证。

到了后来，南方的贵族也开始矫情起来，不肯食蛙了。南朝宋时，吴郡吴县人张畅的弟弟张牧为猘犬（疯狗）所伤，医生云，将虾蟆切成细块，吃了可以预防狂犬病。面对青蛙，弟弟面有难色，张畅劝告弟弟云，古人就已吃青蛙了。弟弟仍然不肯，张畅就吃给弟弟看，弟弟看哥哥吃后，方才食用，果然无事。

---

1 鼃：古同"蛙"。

到了唐宋两朝，南方人吃蛙，屡屡被北方人嘲笑。不管是南方人吃蛙，还是陆游在《老学庵笔记》中提到的"广人于山间掘取大蚁卵为酱，名蚁子酱"，在后世人看来，均是黑暗料理。可在《礼记》中，却均有记录，如蚂蚁卵酱乃是"蚳醢"，上古时期，为贵族专享。至于青蛙，在三代以前是贵族的食物，更在汉代被用于宗庙祭祀。

唐代《云仙杂记》中记录，桂林地方民俗，喜好食蛙，以干菌之类调和烹制为糁（肉粥）。客人赴宴时，将剩下的食物带回家中给儿女吃，哪怕脏了衣服也不在乎。有桂林人来朝中担任御史者，被同僚挖苦，云其来自"蛙台"。御史则以"黑面郎"加以回击，黑面郎者，猪也。

唐李贺《苦昼短》中有名句："飞光飞光，劝尔一杯酒。吾不识，青天高黄地厚。唯见月寒日暖，来煎人寿。食熊则肥，食蛙则瘦。"熊掌肥美丰腴，为诸侯王公所推崇，如是食熊则肥。蛙，乃是穷人所食，自然食蛙瘦了。

青蛙肉质鲜嫩，肉味鲜美，在南方广受欢迎。唐末《南楚新闻》载："百越人好食虾蟆，凡有筵会，斯为上味。"有一次柳宗元请韩愈吃青蛙，韩愈满心不安，在《答柳柳州食虾蟆》中云："居然当鼎味，岂不辱钓罩。余初不下喉，近亦能稍稍。常惧染蛮夷，失平生好乐。而君复何为，甘食比豢豹。"字里行间仍可看出，韩愈唯恐虾蟆吃多了，沾染上蛮夷之习气。

到了北宋时，南方仍保持了食蛙的习惯。宋代朱彧《萍洲可谈》中记录："闽浙人食蛙，湖湘人食蛤蚧，大蛙也。"宋人韩淲诗云："南烹蛙黾颇腥臊，北食羔豚亦太豪。"

宋代中原人每每取笑东南人食蛙，有中原人到浙江任官，取了青蛙制成肉干，招待族人，并云这是"鹑腊"。待族人食用之后，才告知这是青蛙，由是嘲笑食蛙之音略减。南宋时，某年吕本中请客吃饭，菜肴之中有蛙肉。看到蛤肉，"北人惊叹不下箸""莫惊朋类多惊爆"。可在吕本中看来，蛤肉"膏香未即输鲑菜，煎和真同食蛤蜊"，边吃蛤肉饮美酒，边看烟雨池台。

蛙能杀害虫，已为当时人所知晓，朝廷也屡屡劝诫民间勿食蛙。车若水《脚气集》中记录："朝廷禁捕蛙，以其能食蝗也。"《墨客挥犀》云，浙人喜食蛙。很多钱塘人以捕蛙为业，一夜所捕，成千上万。沈文通到钱塘任官时，严禁捕蛙，不想池沼之蛙，大量减少。沈文通去职后，州人食蛙如故，而蛙族重新兴盛起来，"人因谓天生是物，将以资人食也，食蛙益甚"。

南宋叶绍翁《四朝闻见录》中记录，杭人嗜食田鸡，田鸡即蛙也。宋高宗南渡之后，以青蛙酷似人形，严令禁捕。杭州人喜食此味，只是官方禁止出售。民间的智慧是无穷无尽的，杭州人就将青蛙塞入冬瓜中，有要食蛙者，订购一下，装着青蛙的冬瓜立刻送到门口，称"送冬瓜"。福建人胡寅寄居郡庠[1]，偶染小疾，想吃鱼蛙，奈何此时市中禁售鱼蛙，于是作诗云："小市禁宰割，每无鱼与蛙。何以侑旅食，顷当羹苋茄。"既然市面上禁止出售鱼蛙，只能改食苋菜、茄子之类了。

李时珍曰："南人食之，呼为田鸡，云肉味如鸡也。"田鸡，又称青鸡、坐鱼、蛤鱼。田鸡称坐鱼，因其好坐也。而坐鱼这样的名字，也为读书人所玩弄。黄度是隆兴元年（1163）进士，至福建掌兵时，命厨师到市面上购"坐鱼"三斤，厨师不知道什么是坐鱼，就找了州学录林执善询问。林执善笑道："可供田鸡三斤。"厨师恍然大悟，买了田鸡，烹制了献上。

对于蛙的食物功效，宋《太平广记》中云："蛙，食之味美如鹧鸪，及治男子劳虚出。"朝廷虽禁止民间食用青蛙，宫中却不禁。宋高宗赵构去世后，其棺椁由临安运往绍兴府上皇山麓安葬，沿途历时五天。船队途中所经之处，由

---

1 郡庠：科举时代称府学为郡庠。

各地负责供应人力和食物。据会稽知县云："内人每顿破羊肉四百斤，泛索尤难应付，如田鸡动要数十斤。"

南宋末年，陈世崇曾担任东宫讲堂说书记兼两宫撰述，一次他从宫中的废纸篓中，捡到《玉食批》数张。《玉食批》是宫中的菜单，陈世崇捡到的这份，乃是皇帝每日赐给太子的菜单。菜单中罗列了美食三十余种，如酒醋白腰子、三鲜笋炒鹌子、烙润鸠子、酒炊淮白鱼之类。其中即有炒田鸡一味，皇家劝诫民间不要吃蛙，自己却不率先垂范，反而大吃田鸡。

为了准备这些菜肴，浪费了无数食材，陈世崇略举一二："如羊头签，止取两翼；土步鱼，止取两腮……余悉弃之地。"如果有人取用了被舍弃的食材，还要被讽刺为："若辈真狗子也。"陈世崇看了菜单，不由发出感慨："呜呼，受天下之奉，必先天下之忧，不然素餐有愧，不特是贵家之暴殄。"

到了元代，照样流行吃蛙。侯克中是河北正定人，面对此物，却不是"北人惊叹不下箸"，而是欣然下筷，又作食蛙诗："食月蟾蜍即此流，瞠然两目怒无休。蒹葭影里才多口，椒桂香中已出头。"《元曲选》中，刘员外云："谁想是我大舅子，他是个好人。我到三日之后，安排着牵羊担酒，直至他家问亲去，那时娶到家中，难道还不随顺我哩。诗云'准备做夫妻，宰狗杀田鸡。洞房花烛夜，全凭大挂槌'。"想来元代的婚宴大餐中，少不得要有田鸡。

明初，有王止仲（半轩先生），在同乡赵泽民家中担任私塾先生。王止仲才华过人，得到东家尊敬，命厨师每日拟好菜单，请先生审阅之后，再烹饪进上。王止仲生平最喜食蛙，每日必备，到了冬季，青蛙冬眠，难以寻觅，赵泽民令数日一进。王止仲以为主人家轻慢自己，次日即辞职而去。赵泽民问他要去何方，答云："往金陵耳。"此时朱元璋坐镇金陵，严刑酷法，赵泽民劝告他："不要去虎穴。"王止仲高声道："虎穴中，好歇息。"到了南京后，王止仲在蓝玉家担任私塾先生，后蓝玉被朱元璋诛杀，王止仲本没有被牵连，却自己去投案。审讯时，王止仲为了求死，在公堂上云"本一介书生，蒙大将军礼遇甚厚，今将举事焉，敢不从"，遂以同谋被诛杀。时人认为，真迂士也。

明代南北都流行吃蛙，杭州人捕蛙时，于夜间提灯入田泽，青蛙奔腾而来，若飞蛾赴火，每日可得数万只。将青蛙抓到后，先折其股，纳于竹笼中，卖时截项剥皮剜肠断趾，在古人看来，如同凌迟。有僧人夜间梦到有四百人求救，其中有四人已是奄奄一息。僧人醒来后不解，出城时，见到捕蛙人，方才恍然大悟。捕蛙人云，青蛙股已被折断，僧人也不在乎，出银二钱，将笼中蛙救下放生。僧人数了下，所买下的青蛙有四百只，其中有四只已死矣。

宫中也以蛙为美味，如明熹宗，"喜用炙蛤蜊、炒鲜虾、炒田鸡腿"。将田鸡整理干净，斩下田鸡腿，放入油锅中颠炒，至田鸡腿肉收紧，加胡椒、姜末、糖、酒、花椒等调和，即可出锅。炒田鸡腿肉饱满，形似樱桃，肉质鲜嫩，异常可口。到了清代，炒田鸡腿仍然备受欢迎。

明代程敏政诗云："菱角石榴鲜可爱，田鸡水鳖味尤佳。"明代《竹屿山房杂部》中，记录了好几道田鸡的烹制方法，如酒烹田鸡、辣烹田鸡、田鸡饼子、烘田鸡、腌田鸡、沃田鸡、田鸡炙、田鸡鼓等。且例举一二："烘田鸡，每斤盐四钱，腌一宿，涤洁，炼火烘燥，用则温水渍润，退肤辣烹""腌田鸡，将田鸡治洁，每斤用盐一两，腌一宿，暴日中，夜晴则露之，色白复暴，燥收"。

吃青蛙又有几种比较残酷的方式，如将青蛙投入沸水中。青蛙被烫后，急跃出，用力一跳，却让身上的皮剥落，掉入水中，只剩蛙肉，此种吃法，称"脱棉袄"。还有一种吃法，在滚水中煮芋头，将青蛙放入沸水中。青蛙无路可逃，紧紧抱住芋头不放，称"抱芋羹"。这两种吃法，不取青蛙内脏，故而口味较重。

清代江浙地方上，有身份的人不吃田鸡了，田鸡的流行地，却是两广地区。为此诗人赵翼作诗调侃云："粤人更嗜疥满背，相戒勿脱棉袄被。抱竿羹成夸大飨，贵过斑鹳玉面狸。"江浙地方上有身份的人不吃田鸡，可普通民众还是吃的。清代官府禁止捕蛙，每年蛙鸣时节都会出示禁令，"捉取笼以入市者，有罚"。到了清末，上海租界不时出示告示说田鸡一物，俗名跳鱼，原有护谷之称，向例禁止人食。很多租界内的乡民，已将大清禁令忘在脑后，携带田鸡出售，以致买者纷纷。禁令颁布后，再有买卖田鸡者，一经查出，定行严惩不贷。

糯米酒儿鲜鱼鲊

　　鲊，也就是腌制的鱼了。汉刘熙《释名·释饮食》中记载："鲊，菹也。以盐、米酿鱼以为菹，熟而食之也。"

　　南北朝时期，有用茱萸叶制作鱼鲊的记载。制作时，选取好鱼，去掉头尾，只留鱼身，温水洗干净之后，去掉鱼鳞。再以盐水浸泡几日，将鱼肉取出，切成四寸一段。鱼块要切成小块，并要保留鱼皮，这样容易发酵入味。腌制鱼鲊时，以粳米饭搭配。取生的茱萸叶垫在瓮底，再放上少量的茱萸子，以取其辣香味。一层鱼，一层粳米饭，层层叠加，最后按实，以荷叶封口。

　　鱼鲊的制作，以春秋两季最合适，因为此时的气候适合，不冷不热。春秋腌制一个月，夏季腌制二十日便熟，熟后极鲜美。同样的方式，也被用来腌制猪肉鲊，将肥猪肉洗干净，去骨，切作五寸，用水煮熟，不能太烂。同样以粳米饭作为搭配，以茱萸子、白盐调味，一层层反复压上，泥封之后，一月即熟。

据传，有苏仙公居住于乡间，以仁孝闻名。某年其老母欲食鱼鲊，只有一百二十里外才有，苏仙公旋去旋回，"母即惊骇，方知其神异"。此段故事，虽是传说，却也是当日吃鱼鲊的佐证。东晋谢玄于军中操劳之余，曾亲手制作鱼鲊，寄给妻子，闲来无事，聊解愁思。

鲊，以盐与米一起腌鱼，熟而食之。烹制鱼鲊，以大鲤鱼为最佳，切成带皮小块。将鱼块洗净漉干之后，撒上白盐，再与蒸熟的粳米、各种香料、料酒一起，放入瓮中腌制。放置时，一层鱼，一层粳米。在鱼中加入米饭，是因为米饭中含有乳酸菌，发酵之后产生的乳酸，渗入鱼肉，既可防腐，又可增添风味。鲤鱼鲊乃是贡品，《大业拾遗记》中载，隋大业年间，吴郡官员曾向隋炀帝进贡了鲤鱼鲊，隋炀帝食后大为满意。

到了唐代，以肉质肥美鲜嫩的石斑鱼制作鱼鲊。诗人李频《及第后还家过岘岭》云："魏驮山前一朵花，岭西更有几千家。石斑鱼鲊香冲鼻，浅水沙田饭绕牙。"到了宋代，董弅《严陵集》作《还寿昌过西岭下赠妇》，却是抄袭李频了。"魏驮家前几树花，岭西还有数千家。石斑鱼鲊香冲鼻，浅水沙田饭绕牙。"将山前一朵花，改成了家前几树花，其他原封不动，可以赠人，炫耀下自己的才华。

白居易《桥亭卯饮》中，记录了一道江南鱼鲊的制法："就荷叶上包鱼鲊，当石渠中浸酒瓶。生计悠悠身兀兀，甘从妻唤作刘伶。"吴中地方制作鱼鲊，多用龙溪池中莲叶包裹，之后数日取食，以荷叶包裹后的鱼鲊气味绝妙，乃是下酒的好菜。荷叶包鱼鲊，石渠浸酒瓶，此后千年，成为吴中传统。

到了宋代，苏轼《仇池笔记》中记录："江南人好作盘游饭，鲊、脯、脍、炙无不有，埋在饭中，里谚曰'掘得窖子'。"盘游饭又称"团油饭"，以鱼鲊等入饭中作食。苏轼因"乌台诗案"入狱，他与儿子苏迈约好，如果没事，则送菜与肉，如果有事，则送鱼。儿子苏迈手头没钱，四处借钱，好给父亲买食物。亲友们知道苏轼喜欢吃鱼鲊，就送了些来，苏迈忘记了与父亲的约定，就将鱼鲊送进牢去。苏轼看到吓了一跳，不过还是大口吃了起来。后苏轼侥幸无事，出狱后，被贬为黄州团练副使。

南宋绍兴四年（1134）十一月辛卯，宋高宗赵构对宰执道："韩世忠近得鲟鱼鲊。朕戒之曰：艰难之际，朕不厌菲食。卿当立功报朕。[1]"韩世忠生性好酒，瞧不起读书人，戏称之为"子曰"，对于美食豪宅是极为追捧，本想以美味的鲟鱼鲊讨好皇帝，却被皇帝教训一番。解甲之后，韩世忠于苏州定居，建园林，终老于此。

元代《居家必用事类全集》中也有"贡御鲊"，以鲤鱼制成，乃是宫廷贡品。至朱元璋定都南京之后，周边各省府，都要进贡各种珍稀物品，如常州府武进县、江西布政司、湖广布政司，所进贡皆为野味。不过进贡之物，弊端颇多，如将鲜活贡物于途中宰食，只留下皮进贡，以死易活，以肥易瘦等屡见不鲜。再如每年进贡的新鲜鲟鱼到光禄寺，由光禄寺制成鱼鲊，不想负责运输的人，将鲟鱼去首去尾，自己吃了。到了光禄寺，只剩下中身一块鱼肉。对此，朱元璋发出哀叹："呜呼，因朕不才，三纲不明，五常弗度，致使当该有司官吏并解物无藉之徒，罔知君臣之义，故敢肆侮。"

在明初，鱼鲊尚不是宫廷贡品，由光禄寺负责制作。成化初年，在湖广的镇守太监擅自做主，将湖广鱼鲊进贡入宫，此时为数不过千余斤，此后逐渐增加到了数万斤。为了运输鱼鲊，特意准备了贡船十二艘。

---

1 这句话是说，韩世忠献给朕鲟鱼鲊，朕没有收，告诫他：现在正当国家艰难之际，粗茶淡饭朕就满足了，你应当立功报答朕。

湖广镇守衙门每年进贡各色鱼鲊，所取鱼及腌制所用的椒料等费用，俱摊派给各州县水手。地方上的势利之徒，借办理鱼鲊之名，勒索取财。弘治年间，弘治帝下令减少贡船十只，以减轻民间负担，此后沿袭下来。征收鱼鲊、运送鱼鲊的贡船，骚扰民众，弘治帝一度曾想将鱼鲊革除，但有臣子反对，认为鱼鲊是祭祀时的必备品，不可不用，最后削减了数量。

湖广布政司每年进鲟鱼鲊、鳇鱼鲊、鲤鱼鲊各四桶，糟鲋鱼、鳊鱼各四桶，酱子鲊十二桶，干鲤鱼五十斤，鲟鳇鱼筋并面肉四十把，鲟鳇鱼肚四十个。并代镇守衙门进鲟鱼鲊、鳇鱼鲊各十桶，酱子鲊二十桶。鱼鲊等贡品，由武、汉、黄、岳、常、沔六府州造办，送交礼部，转送光禄寺。

嘉靖十一年（1532）二月，巡抚湖广右副都御史上奏，认为入贡鱼鲊，骚扰民间，此时湖广地方遭遇水旱灾情，民间困顿，请将此贡革除。不久奉嘉靖帝圣旨："这鱼鲊，着照旧进贡，钦此。"民间困顿与否，嘉靖帝才不在乎，忙于修仙的他，素食之外，也需要湖广鱼鲊来刺激一下味蕾。

明代《遵生八笺》中记录了湖广鱼鲊的制作方法，用大鲤鱼（鲟鱼、鳇鱼）十斤细切成块，去骨无杂物。先用老黄米炒干，碾成粉末儿，约有一升半，炒红曲一升半碾为末儿，将二者一起拌匀。每十斤鱼块，用好酒两碗，盐一斤（夏季用盐一斤四两）拌入，再加入老黄米、炒红曲、花椒、茴香等拌匀，放入缸中，用石头压紧。冬腌半月，春夏十日。取起用时，配以椒料、米醋，味道更佳。鱼鲊的食用，以清蒸为上，也可红烧。烧好的鱼鲊红曲飘香，鲜咸入味，嗅之即食欲大动。

至万历帝登基之后，常年深居不出的他，更加追求时尚精细的消费品，对贡品的质量有很高要求。湖广进贡的鱼鲊为万历帝所嫌弃，认为不清洁，"楚贡粗恶"，为此将湖广布政使革职，斥为编氓。至于湖广鱼鲊，在改进制作技艺后，仍照常进贡。

明代宋海翁曾作《清江引》，词云："糯米酒儿鲜鱼鲊，还喜生姜辣，秋天不肯明，只把鸡儿骂，呼童儿点灯来花下耍。"宋海翁才高八斗，生性嗜酒，睥睨于当世。晚年忽乘醉意，泛舟海上，仰天大笑道："吾七尺之躯，岂世间凡土所能贮，合当以大海葬之耳。"遂投海而死。

古代制作鱼鲊，常放入瓶中，将瓶密封，故而买鱼鲊，常是依照瓶来买。如："玳安应诺走到前边铺子里，只见书童儿和傅伙计坐着，水柜上放着一瓶酒，几个碗碟，一盘牛肚子。平安儿从外拿了两瓶鲊来。"

清酒如露鲊如花，到了当代，咸鱼仍然普遍腌制。在湖南的一些地区，至今有制作鱼鲊的传统。制作鲊，一则是气候，二则是盐巴，酸一定程度上缓解了缺盐的问题。鲊这个发音，在衡阳还指发酵后的各种坛子菜，生产这些东西的作坊，也就叫酢坊了。湖南南部一带还有酢肉，将猪肉放到坛子里发酵，俗称"坛子肉"，味道相当不错。制作鱼鲊时，湖南一带多用红曲，香味独特，算是中国人的一大发明。

鲥鱼捧出惠儒臣

范连诗云："河豚过后无珍味，直待鲥鱼始值钱。"每至珍味鲥鱼上市之时，老饕没一个不食指大动，先尝为快，称为"抢头鲜"。一些老饕认为，鲥鱼大小，以一尺光景的最佳，太大便肉味觉老，太小又鲜美稍逊。

鲥鱼的鲜美，关键在鳞，烹煮其他鱼，都要去鳞，鲥鱼则不去鳞，因为鲥鱼的鲜美就在于它的鱼鳞，这就是俗语所云："鲥鱼吃鳞，甲鱼吃裙。"吃鲥鱼，去鱼鳞，被旧时文人看作是煞风景事，"烹鲥去鳞"无异于"煮鹤焚琴"。

鲥鱼也很珍惜一身的鱼鳞，渔人在江中下网，鲥鱼入网后，即不再动，在渔民看来，这是担忧伤到鱼鳞呢！靖江渔民有谚语云："鲥鱼当缩不缩，刀鱼当进不进。"即鲥鱼头小身子大，碰到网后如果身子一缩，就可以逃脱，但鲥鱼珍惜鱼鳞，怕被网弄掉，触网后头往网上一靠，一动不动，这就是"当缩不缩"；刀鱼鳃边上有两个刺，遇到渔网，忙着后退，同时将两刺横出，结果刺到渔网上，进退不得，这也就是所谓的"当进不进"。

鲥鱼性甘平，入口而肥，其中多含脂肪，味极腴美，富于滋养。《本草纲目》谓其："肉，甘平无毒，补虚劳。"鲥鱼的滋补功能，使它成了宫廷贡品。

在明代，沿江所产鲥鱼，属于宫廷贡品。沿江产的鲥鱼，出水后先运到金陵。明代，金陵城外江岸上设有"鲥鱼厂"和"冰窖"，专门负责保管、运输沿江各地送来的鲥鱼。南京入贡船大多属于龙江、广洋等卫水军，由车驾司副郎负责掌管，发给关防，专门办理入贡，周而复始，每年南北往还不绝，岁以为常。至于贡品，名目不一，每种贡品必以宦官一人负责。运入的贡品，分属各个部门，如司礼监要用的神帛笔料，守备府的橄榄、茶橘，司苑局的荸荠、芋藕，供用库的香稻、苗姜，御用监的铜丝纸帐，尚膳监的天鹅、鹧鸪、樱菜等物。

贡品之中，最急的是冰鲜，主要是尚膳监的鲜梅、枇杷、鲜笋、鲥鱼等。其他各项冰鲜还可以延迟，但鲥鱼绝不能延迟。鲜鲥捕捞后，于五月十五日进鲜于南京孝陵，然后送往京师，限定六月末到京，以备七月初一用于太庙祭祀，然后供给御膳。运鲜船昼夜不停，船上备有冰块，但不实用，导致鱼臭秽不堪。某年沈德符于夏月北上，搭乘了运鲜船，船上臭味熏天，几欲呕死。

鲥鱼到京后，已经变味，得用盐腌制了食用。皇帝常将鲥鱼赐给大臣，宫中宦官不时也能尝到。宫中太监所吃的鲥鱼，多是变了味的，久而久之，以为鲥鱼乃是臭腐之味。有一太监，到南方就任，夏季吃鲥鱼后，责怪厨师烹制出来的鲥鱼味道不对。厨师无奈，将新鲜鲥鱼拿出来做证，太监看了很是惊讶道："其状颇似，但何以不臭腐耶？"闻者无不捧腹。

哪怕是臭鲥鱼，到了京师，也是上品。刘若愚《酌中志》中记录，七月宫中吃鲥鱼，为一时盛会。吃鲥鱼之外，还有赏桂花、斗促织。善斗者，一枚可值十余两不等。

"百万军储待闸开，冰鲜飞舸内官催。鲥鱼只为供时荐，卢橘杨梅岁岁来。"明代欧大任的这首《都下感事口号志喜六首·其三》，描绘了运鲜船只，通过清江船闸时的情景。清江船闸设在淮河与大运河交汇处，淮河水位高过运河，大闸一开，水流开始加速，好似巨人的手，要将船托住送到大闸口中。水流将船推到了闸口，水声轰鸣，震耳欲聋，船只过闸。

冰鲜船在途中骚扰颇多，弘治初年，弘治帝曾想加以革除，只是涉及祖先祭祀才作罢。到了万历年间，有龙袍船，其恣横远出冰鲜船之上，即便凶恶如漕粮船，看到龙袍船也畏惧三分。

运杨梅、鲥鱼的船只，在每年五月初出发，前往北京。到了六月，一入伏，即要在通济闸外暂筑土坝，以遏制水流，一应官民船只，暂缓出入，至九月初开坝后方才放行。万历七年（1579）有闰五月，如果运鲜船在闰五月出发，则已经入伏，通济闸也已筑坝。负责筑坝事宜的官员，不得不催促南京守备衙门，在五月中旬让运鲜船立刻出发，在入伏前通过，以免延误，但运鲜船最终还是耽搁了。

正德、嘉靖年间，尚能快速将鲥鱼运送到京，宫中能尝到鲜味，也可以用来赏赐、祭祀。到了万历朝，运送时鲜开始出现延误的情形。鲥鱼、杨梅等时鲜准备完成之后，并不是立即出发，而要等待各种装具及冰块等，常要滞留旬日，导致延期到京。鲥鱼入京后，色味俱变。时鲜延期入京，既阻碍筑坝，且丧失了时鲜的意义。万历七年五月二十日时，黄河水汛陡涨，为了等候运鲜船通过，延误了筑坝。故而万历八年（1580）奏请，在五月十五日前，将杨梅、鲥鱼等尽数过淮，以便筑坝。

万历四十七年（1619），辽东军情紧张，国库吃紧。此时需要买马两万匹，用银三十万两，为了解决经费问题，有大臣建议，免去杨梅、鲥鱼等物品的进贡，以节省经费。黄克缵《题议减差船疏》中则认为，每年为了从南方运送时鲜，需要快船一百余艘，但每次运送时鲜时，只用一小部分，其余大部分船只在港中等候，以备不时之需。杨梅、枇杷等物水行三千里，为水渍所浸，到京时不再新鲜，故而建议裁去杨梅、枇杷二项。至于鲥鱼之贡，因为涉及宗庙祭祀，黄克缵却不敢建议裁去。

浙江富阳县产茶与鲥鱼，每年要进贡入京，民间不胜其劳，有人作歌传唱："富阳山之茶，富阳江之鱼，茶香破我家，鱼肥卖我儿。采茶妇、捕鱼夫，官府拷掠无完肤。皇天本至仁，此地独何辜？鱼兮不出别县，茶兮不出别都。富阳山何日摧，富阳江何日枯。山摧茶亦死，江枯鱼亦无。山不摧，江不枯，吾民何以苏。"作歌者被地方镇守，以"怨谤阻绝进贡"的罪名抓捕，押解入京，下锦衣狱。

鲥鱼除了宫廷食用，也被赏赐给朝中重臣，称为"赐鲜"。

《大明会典》中载："凡各处岁进时鲜，如鲥鱼、笋、藕、枇杷、杨梅之类，赐文武大臣及日讲官各以品级为等。"宣德帝即位后，依赖杨士奇、杨溥、杨荣等三位老臣辅政，时称"三杨"。一次宣德帝赐鲥鱼给杨荣道："南京进鲥鱼，朕献宗庙，荐母后之后方吃，刚一动口筷，就想起了你，特赏赐卿，侑以醇酒。"君臣二人关系极好，宣德帝饮了枸杞酒，又赐给杨荣云："服此可以延年益寿。"

正统帝登基之初，仍依赖杨士奇这样的老臣。正统四年（1439），杨士奇自南方返回京师后，正统帝将杨士奇召至宫中榻前，询问民间事务，杨士奇以所见奏对。正统帝命光禄赐酒食，又命宦官赐羊酒，此时南京所进鲥鱼适至，当即赐鲥鱼五尾，又加赐酒。

嘉靖十五年（1536）六月二十四日，嘉靖帝赏给内阁大学士夏言鲥鱼四尾，由宫中太监送到。十二年后，失去了恩宠的夏言，被弃市处死。万历年间，大学士于慎行蒙赐鲜桃、鲜李等水果，又赐给鲥鱼。于慎行作诗云："六月鲥鱼带雪寒，三千江路到长安。尧厨未进银刀鲙，汉阙先分玉露盘。"

弘治十二年（1499），程敏政主持科举考试，被华昶诬告泄题，牵涉的考生，就是大名鼎鼎的唐伯虎。为此唐伯虎下狱，程敏政愤而辞职，不久去世。得宠之时，程敏政屡得赏赐，如四月二十八日，获赐鲜笋、青梅、鲥鱼、枇杷、杨梅。其作诗云"南舟远贡来何数，北客初尝味更添"。五月二十九日，宫廷之中赐下桃杏、郁李、莲房等物。其作诗云："御果频颁出尚方，满筐甘溢露瀼瀼。"

《遵生八笺》记录了蒸鲥鱼的方法，"鲥鱼去肠不去鳞，用布拭去血水，放荡锣内，以花椒、砂仁、酱，擂碎，水、酒、葱拌匀其味，和蒸"。蒸熟之后，再去鳞食用。煮鲥鱼的方法，不外乎清蒸、红烧两种，各有各的长处，各有各的滋味。清蒸鲥鱼，将鲥鱼切成两片，洗干净之后，放在碗中，碗中加黄酒一杯、盐少许、葱一根、姜片，在锅中蒸透，即成鲜美的清蒸鲥鱼了。清蒸的时候，最忌加水，因水一多，鱼味便淡，就是鲥鱼独有的肥质，也因此而改变，风味相差便远了。蒸鲥鱼时，多与南腿、猪油一同清炖，使口感更加肥美。加盐炖的鲥鱼，谓之"白蒸"，不失鲥鱼的真味，若是加了酱油和少许白糖，便成了"红蒸"，也很鲜美。加酱油也有讲究，在鲥鱼蒸好取出时，乘热加入酱油少许，则鱼肉鲜嫩。若是先加酱油蒸，则肉容易老。如喜食甜味者，加酒酿蒸也可。

红烧鲥鱼却无须切成两片，可以整段入锅。先将鲥鱼洗干净，将锅内以猪油略煎，两面皆不可煎黄。以鱼鳞不干为度，加以黄酒一杯，酱油少许，稍加清水，盖锅煮透，至鱼汤浓厚，盛起即成。红烧鲥鱼风味较厚，肥腴也过之。只是鲥鱼的原味，却稍稍失去。

鲥鱼以清蒸为上，清蒸好的鲥鱼上面配上一缕缕姜丝，让人未食就能想出它的美味。鲥鱼除了鲜嫩，还有乳猪羊羔那般的肥美和爽滑。因为有人不吃鱼鳞，长江边的做法是把鱼鳞剥下，用线穿住挂在锅盖下面。等加热后，鱼鳞中鲜美的油滴到汤中，这样既能保住鲥鱼的鲜美，又可免去吃鱼鳞的烦恼。这些美味，想起来不由食指大动。

明代鲥鱼的食用，较为普遍，诗歌、小说之中，多见描写。郭澐诗云："软软东风淡淡烟，酒旂摇曳映花船。倾杯但诧烹鲜好，争买鲥鱼不论钱。"韩雍诗云："官廪[1]送来香稻米，网船买得活鲥鱼。烹鱼炊米空饱食，补报无能愧逸居。"文彭诗云："我爱江南小满天，鲥鱼初上带冰鲜。一声戴胜蚕眠后，插遍新秧绿满田。"

《金瓶梅》中也有吃鲥鱼的精彩描写。"西门庆陪伯爵在翡翠轩坐下，因令玳安放桌儿：'你去对你大娘说，昨日砖厂刘公公送的木樨荷花酒，打开筛了来，我和应二叔吃，就把糟鲥鱼蒸了来。'应伯爵举手道：'我还没谢的哥，昨日蒙哥送了那两尾好鲥鱼与我。送了一尾与家兄去，剩下一

---

1 廪：粮仓。

尾，对房下说，拿刀儿劈开，送了一段与小女，余者打成窄窄的块儿，拿他原旧红糟儿培着，再搅些香油，安放在一个瓷罐内，留着我一早一晚吃饭儿。或遇有个人客儿来，蒸恁一碟儿上去，也不枉辜负了哥的盛情。'"

说起来，这应伯爵，当是吃鲥鱼第一人了。

古时有食客曾发牢骚云，人生有几大恨事，其中之一，就是恨鲥鱼多刺。此语却有不实之处。与刀鱼比较起来，鲥鱼的刺其实并不多，长寸余，成叉形，易于剔出，不妨碍嚼食。再说，鲜美如鲥鱼者，在剔出鱼刺时，恰好可以细细咀嚼，领略个中滋味。鲥鱼贵新鲜，所以讲究吃的人，往往等鲥鱼出水，立即在长江渔船上或江边饭店内煮食，说是鲜美中另有一种清香，非寻常鲥鱼能比拟。郑板桥有诗云："江南鲜笋趁鲥鱼，烂煮春风三月初。"得鲜鲥鱼一尾，立即洗干净炖熟，三五朋友相聚，一杯在手，以鲥鱼鲜笋下酒，口中再无他味，人生更无他求。

海参温补价腾贵

　　海参，又名刺参、海鼠、木肉、海黄瓜等，具有良好的滋补功效，因外形似人参，故而得名海参。海参的种类很多，主要分为有刺参和无刺参两大类，明代以无刺参为上。海参栖息在海底泥沙中或石块下，结聚一起，呈长筒状或圆柱状，颜色以黑色、褐色、灰白色为主。

　　宋代之前，饕餮虽多，但海参的食用，尚未普及，故而也不见于史。食用海参，有历史记录的最早是宋代。宋邵雍《梦林玄解》中认为，梦里食海参，是大吉之兆。梦食海参者，心广体胖，四肢轻健，脉调气和，年寿永久。

　　海参别名颇多，又有海菜、沙噀等俗称。"海菜则海参也"。明季诗人平显，收到朋友馈赠的海菜，诗云："清秋沧海梦茫洋，鹿角茸岐几许长。安得致之尊俎上，可人风味压枯姜。"明代《雨航杂录》中记录："沙噀，块然一物，如牛马肠脏头，长可五六寸许，胖软如水虫，无首无尾无目无皮骨，但能蠕动，触之则缩小如桃栗，徐复臃肿。"当地人揉去海参内脏及沙，再调味煮熟，味道脆美，被视为上等美味。在杭州，海参俗称为"泥笋"。因为海参生长在沙中，如笋生在泥中，故而得名。

浙江沿海，多称海参为沙噀。据许纶记载，海参的摄食有规律，故而容易捕捉，温州沿海的儿童也能轻易抓获很多海参。就捕捉海参，古人还有一种谣传，认为"令女人裸体入水，（海参）即争逐而来，其性淫也"。

许纶在外为官，思念海参，"吾乡专美独擅群，外脆中膏美无度，调之滑甘至芳辛"。此番友人馈赠了百余海参，急呼酒就之。

元代《饮食须知》中，对海参的特性有了较多了解，如海参味甘咸，性寒滑，腹泻者不可食用等。海参有诸多强身健体功效，在古人看来，可以补肾益精，壮阳疗痿。古人将大海比喻为肾，海参生在海水中，咸能软坚，甘能补正，形肖男阳，且是蠕动之物，能活经络，走血脉。此外，海参具有超强的再生能力，以藻类、浮游生物等为食物，更为它蒙上了神奇色彩。

到了明代，南北方普遍食用海参。陈函辉一次特意赶到天津购买海参，却发现价格昂贵，"参乎岂便金同价"，不由大发感慨。虽馋海参，但囊中羞涩，不得不嘱咐厨子，从菜单中加以删除。陈函辉是崇祯七年（1634）的进士，后至江苏靖江担任知县，明亡之后，投水自尽。另一名靖江知县唐孝俞为了送礼，曾在靖江向地方上的铺行勒索海参，搞得民怨沸腾。靖江不过一长江中小县，根本不出海参，所售海参，均是从海边运来。

方应选是万历十一年（1583）的进士，官至卢龙兵备副使，在给友人江汝成的信中，提及所馈赠的礼物，除了作为药材的斤余人参，还有海粉、海参之类，"以侑丈歌毕"，意思是供你下酒，还不忘提示友人，不要担心海参昂贵，大可一笑置之。

海参贸易在当时比较频繁，成为政府税收的来源之一，《大明会典》载："干笋、葡萄、海菜、金橘、橄榄、牙枣、苎麻，每斤税钞、牙钱钞、塌房钞各一百四十文。"《续纂淮关统志》："海参每百斤三钱，鱼翅、鲍鱼每百斤五钱。"

《三刻拍案惊奇》中描述："每日大小渔船出海，管甚大鲸小鲵，一罟（渔网）打来货卖。还又是石首、鲳鱼、鲫鱼、呼鱼、鳗鲡各样，可以做鲞[1]；乌贼、海菜、海僧（参）可以做干。"海参贸易的兴盛，也带来了假冒海参，北方一些商家用驴皮或者驴马阴茎伪造海参，"味虽略相同，形带微扁者是也。固是恶物，不可不知"。

嘉兴人李日华喜小舟出行，他在日记中记录了自己的一次出行，从苏州出发，经大运河，返回嘉兴。到家后，他与友人沈白生、项孟璜相约了浪谈剧饮，至二鼓方才散去。此番夜饮，"盘馔中有白海参，亦奇味"。

海参以辽东产者为上品，福建所产色白而劣。福建的白海参虽被认为是劣品，但每个食客各有评判，在李日华看来，白色海参乃是人间奇味了。

在明代，辽东所产海参被视为上品，成为馈赠佳品。万历年间，御史郝杰以敢言闻名，乃至敢于对抗拥兵自重的地方军头。万历十七年（1589），郝杰巡抚辽东，与盘踞辽东的李成梁、李如松父子展开较量。万历十九年（1591）春，李成梁用兵失败，死伤惨重，郝杰立刻写奏折加以弹劾。到了四月十四日晚，有手下过来报告："李总兵差官老爷上进海参。"送礼者乃是李成梁之子李如松。李如松后来参与了万历朝三大战事中的两场，即宁夏平叛，入朝鲜击败日军。

---

1 鲞：剖开后晾干的鱼。

万历二十六年（1598），他在与蒙古土默特部的战事中阵亡。李成梁此番被弹劾，少不得要活动一二，送些辽东特产如海参之类。

明代海参仍是上层社会的消费品，可在饥荒年代，海参也成为沿海地方民众的充饥食物。洪朝选，号芳洲，福建同安县人。后世有一种说法认为，隆庆三年（1569），他查办辽王案，查案之后，他不同意张居正关于辽王犯罪的结论，拒绝签字，认为"谋反无据"，得罪张居正，被罢官返乡。

实际上，隆庆三年，适逢每六年一次的考察大计，四品以上官员要向皇帝自陈功过，由皇帝决定去留。洪朝选自陈时，隐瞒了一些问题，被人揭发，因此被罢职。返乡之后，洪朝选与其他家族发生冲突，被人告发，在万历十年（1582）自缢于福州狱中。万历十年，张居正去世后，其家族及党羽遭到清算。洪朝选家族子弟及门生乘机行动，声称洪朝选是因为辽王案被张居正陷害入狱，再审的结果是，洪朝选之死与张居正无关。但洪氏子弟及其门生孜孜不倦，编造出各种说法，称洪朝选系被陷害而死，影响到后世。

在乡间，洪朝选著有《洪芳洲先生归田稿》，记录了当时民间社会的各种情况。福建沿海爆发灾荒，"今春小米不收，今秋棉花不收，豆芝麻不收"。灾民走投无路，先是将牛卖掉买粮，粮食吃光了，就吃芋头，芋头吃光了，就到海边采集海参吃，海参吃光了，则以海榕树叶、芭蕉根充饥。"闻之乡人，海菜、蕉根尚可食也，海榕树之叶食之，辄浮肿皮裂水流。"大批百姓流离失所，有去外地谋生的，有入山当强盗的。洪朝选屡屡呼吁，请求朝廷赈济。

海参其性温补，营养足与人参相提并论，被列入宫廷菜谱之中。将海参、鳆鱼、鲨鱼筋、肥鸡、猪蹄筋共烩一处，乃是明熹宗最喜用的菜肴之一。海参是干货，食用之前，需要用水将其发开。就如何泡海参，古代有独特的方法，如将海参清理干净后，先用肉汤滚泡三次，再以鸡肉汁煨烂，再辅以木耳、香蕈、笋丁之类调味。

明代宫中，以海参、鳆鱼、鲨鱼筋、猪蹄、肥鸡一起烹调，称为"烩三事"。烹制烩三事，先将肥鸡整治干净；再将鱼翅与猪蹄，一起上锅蒸熟；将鲍鱼入锅，加酒煮软。主要食材准备好后，将肥鸡、猪蹄、海参、鳆鱼、鱼翅等，一起放入一只大锅中，加入调料，以小火烩至汤汁变浓。此道菜中，海参、鳆鱼、鱼翅，虽然营养丰富，但不够鲜美，故要加入肥鸡，取其鲜美，又用猪蹄，则取其浓郁。烩三事汤汁浓稠肥鲜，富含营养，乃是皇宫之中的大菜。

明亡之后，朱舜水去国千里，得了眩晕之症，服用海参之后，颇有疗效。他认为海参"与老年人甚相宜"，将海参作为礼物馈赠友人。也许是服食海参之效，虽常年于海外奔波，图谋复国的朱舜水，却以八十三岁高龄在日本去世，留下遗言，"见予葬地者，呼曰'故明人朱之瑜墓'，则幸甚"。

在明代，海参的食用并不普及，哪怕是描述了无数美食的《金瓶梅》中，也没有对海参的描写。到了清代，《红楼梦》第五十三回中，黑山村乌庄头献年礼，有各种山珍海味，其中就有"海参五十斤"。清乾隆年间，宴会推崇海鲜，缙绅家有尊客时，必然要用海参、鲍鱼之属。到了清中期之后，海参、鱼翅已是一般酒席上的必备物。

清代将海参的烹制发展到了极致，自然瞧不上他国烹制的海参了。道光二十五年（1845）五月，英军入侵上海，在达成和议后，英国人在船上设宴招待清政府派出的议和代表。一行人对英国菜恶评如潮，认为简直是难以下咽，如羊肉、鱼肉、鸭肉，均是白煮，无盐酱调味。再如海参、鳆鱼之类，也是腥秽难以下咽。唯一得到好评的，就是红毛烧酒（红葡萄酒），"色如血，食涓滴能醉，颇香美"。

且请卿卿吃蛤蜊

　　蛤蜊的食用，历史久远。汉代《论衡》曰：
"若士食蛤蜊之肉，乃与民同食，安能升天？"
意思是如果修仙者与民众一般，食用蛤蜊，如
何升天？可见此时，蛤蜊乃是平民的食物。

　　东晋《抱朴子》中载："蛤蜊加煮炙，凡
人所能啖，况君子与士乎。"蛤蜊味美，不论
君子士人，还是凡人，都喜食此物。由此也可
以看出，古时烹制蛤蜊的方法，主要是煮与烤
两种。蛤蜊味美，地位日高。到了南梁时，徐
陵陪同梁武帝羽猎，宴饮于上林，之后梁武王
赐给他蛤蜊。

　　南齐时，琅邪王融，拜访王僧祐，遇到沈
昭略。二人此前从未见过，沈昭略就问主人：
"此少年是何人？"王融觉得自己受到了侮辱，

就道："余出于扶桑，入于肠谷，照耀天下，何人不知，而卿有此问？"沈昭略淡定地回答："不知许事，且食蛤蜊。"王融傲然道："物以群分，方以类聚，君长东隅，居然应嗜此族。"也就是瞧不起沈昭略吃蛤蜊了。

唐代宫廷之中，以蛤蜊赏赐给臣子。李林甫时常被赐给美食，"右内官赵承晖至，奉宣圣旨，赐臣车螯、蛤蜊等一盘，仍令便造。赵臣忠至，又赐生蟹一盘。高如琼至，又赐白鱼两个"。

唐文宗喜欢吃蛤蜊，沿海官吏纷纷进献。一日食蛤蜊时，怎么也撬不开，唐文宗心想其中必然有异，乃焚香默念，俄顷蛤蜊自开，其中有二人形眉端秀，体质悉备，螺髻璎珞，乃是菩萨。唐文宗遂将此宝置于金粟檀香中，赐给兴善寺，令致敬礼。其实同样的故事，在隋代也有，云隋帝喜欢吃蛤蜊，数逾千万，其中有一蛤蜊，怎么也撬不开，顶礼膜拜之后，蛤蜊自开，其中有一佛、二菩萨。隋帝悲悔，誓不食蛤。

唐代《云仙杂记》中记录了一个宦官嗜食蛤蜊的故事，"吐突承璀，嗜蛤蜊，炙以铁丝床，数浇鹿角浆，然后食"。吐突，乃是复姓，颇有异域风情，但吐突承璀实际上却是福建人，在宫中为宦官。唐宪宗时曾领兵出征，唐穆宗即位后被杀。作为福建人，吐突承璀喜吃蛤蜊，且是在铁丝床上烤了吃，为了让蛤蜊味更美，还多次浇以鹿角浆调味。

皇家爱吃，诗人也喜欢吃。唐代诗人皮日休，是诗人中的美食家。一次病后，皮日休作诗云："何事晚来还欲饮，隔墙闻卖蛤蜊声。"蛤蜊之类的海鲜，在唐代乃是贡品，明州（今宁波）岁贡海虫、淡菜、蛤、蚶等物，从海边直抵京师，千山万水，每岁要动用人力四十三万六千人。直到唐宪宗元和十二年（817），才令停止进贡。

诗人温庭筠与贺知章相友，诗云："越溪渔客贺知章，任达怜才爱酒狂。鸂鶒[1]苇花随钓艇，蛤蜊菰菜梦横塘。"此首诗既点明了贺知章的性格，怜才爱酒，逍遥自得，同时喜欢美食。

到了宋代，蛤蜊是较为珍贵的食物。曾有官员进献蛤蜊二十八枚给宋仁宗，每枚价值千钱。宋仁宗曰"我常戒尔辈勿为侈靡，今一下箸，费二十八千，吾不堪也"，遂不食。像宋仁宗这样简朴真性情的皇帝，在中国历史上可谓孤例。

在宋代，蛤蜊乃是宫廷贡品。"国家贡物，实于远方者，蛤蜊亦贡焉，独蟹不贡。"当时人认为，入贡与否，自有标准。如蛤蜊生在海边，是京师中没有的，所以必须上贡。至于螃蟹，

---

1 鸂鶒：xī chì，亦作"鸂鶆"。水鸟名。形大于鸳鸯，而多紫色，好并游。俗称紫鸳鸯。

"盛育于济郓,商人辇负,轨迹相继,所聚之多,不减于江淮"。斗转星移,今日北方,再无往昔不输江淮吃蟹的盛景了。

南宋时,祭祀中使用蜃醢等食品。蜃醢历史久远,在西周至春秋、战国时期,就已多见,乃是将蛤蜊肉捣碎,加作料制成蛤蜊肉酱。时间一长之后,临安府办理祭祀食品时,出现了较多错误,"如蜃醢用蛤蜊肉"。蜃醢乃是用蛤蜊肉剁碎制成,临安府省去了工序,直接以蛤蜊作为祭祀贡品了。

此外还有其他错误,如:"鲍当用干,而今以生。鲫曲当用熟,而今以生。麦蚔醢用鼋鱼,豚拍讹为豚白。"经过御史弹劾,相关官员分别被处以罚铜十斤的惩罚。此后虽礼部责令加以改正,但仍有不少错误,难以更正。

北宋初期,王巩记录,"京师旧未尝食蚬蛤",偶有蛤蜊,士人视为珍馐。随着士人对蛤蜊的追捧,市场上的蛤蜊越来越多。《夷坚志》中记录了一个关于吃蛤蜊的故事。李士美丞相、刘行简给事入京师,在甜水巷客栈居住,与一富家相邻。李士美与富家有姻亲关系,旧日时常一起游玩,这次约了富家子一起游玩。富家子称,甜水巷内来了名相命师,据称极为灵验,邀二人同往,二人遂各携带了百余钱出门。到了之后,一测之下,却发现相命师是在胡扯,大笑而出。此时天寒欲雪,富家子约二公道:"家有新酿,拟奉一醉。"

二人欣然前往。途中遇到有人售卖蛤蜊,乃是都城罕见之物。刘行简即以身上的百余钱,交给仆人,命买了蛤蜊,随往富家饮上两杯。不久之后,仆人端了蛤蜊前来,食了却发现壳中无肉,"皆渠泥也",原来是被骗了。

元丰元年(1078),黄庭坚正在北京担任国子监,发生了一段与蛤蜊有关的趣事。其作诗《醇道得蛤蜊复索舜泉舜泉已酌尽官酝不堪不敢》。[1] 醇道,乃是黄庭坚的邻居,偶尔得了一些蛤蜊,视为珍品,向黄庭坚索要名酒舜泉,黄庭坚早就喝光了舜泉,而官府酿造之酒粗恶,不堪相赠,就作诗相答,"不堪持到蛤蜊前"。

北宋时,南方人喜欢吃咸,北方人喜欢吃甜,虽鱼蟹也要加糖蜜,与后世南北饮食习俗,却是相反了。北方人还喜用麻油煎食物,不问什么食物,皆用油煎。庆历中,学士们会于玉堂,命人购得生蛤蜊一筐,令厨师烹调,久候不至,客人等得不耐烦,就派人去催问。厨师哭丧着脸道:"煎之,已焦黑,而尚未烂。"客人莫不大笑。

蛤蜊不单单是士大夫的专享,在宋代也是民间常见的食物。《梦粱录》中记录了针对民间的小酒店,"更有酒店,兼卖血脏、豆腐羹、熝螺蛳、煎豆腐、蛤蜊肉之属,乃小辈

---

1 全诗为:青州从事难再得,墙底数樽犹未眠。商略督邮风味恶,不堪持到蛤蜊前。

去处"。

宋代人对蛤蜊的爱好，可谓碾压古今。寒鼓鸣，华月上，名士夜坐食蛤蜊。面对着煮熟的蛤蜊，心境被打开，"但见煮蛤蜊，许事付尘埃"。得此美味，此生足矣，此后山林独望，心不远思。

宋代《梦林玄解》中认为，若梦里食蛤蜊，凡经营出行、婚姻交易、疾病等事，无不为吉。但如果是做官者，则应解职归休，不然恐有陷溺之危，实因蛤蜊之味过于鲜美，恐沉浸其中不能自拔。汪元量词云："花似锦，酒成池，对花对酒两相宜。水边莫话长安事，且请卿卿吃蛤蜊。"在宋人看来，吃蛤蜊，不单单是品尝它的美味，这其中，更包含了一种超脱，一种逍遥，远离庙堂，寄情山水，求大自在。

宋人刘过搭乘船只时，风霜怒吼，舟船入深溪之中，大雪落下，被困于大雪之中，却也得了一日逍遥。邻船有渔夫，烹制蛤蜊，过来借火。蛤蜊煮熟之后，就着浊醪，忘却俗世，"陶陶万事不复理，冻口忍吐寒酸时"。到了京都，刘过请客时，不忘用上蛤蜊，"茶添橄榄味，酒借蛤蜊香"。

某年梅尧臣卧病在床，韩仲文赠乌贼嘴、生醢酱、蛤蜊酱，此类鲜物送来，梅尧臣却不知晓吃法。家中有婢女，来自江南，就加以询问，不想婢女也记不起来。"与官官不识，问侬侬不记。虽然苦病痫，馋吻未能忌。"虽在病中，可面对此等鲜美物，尧臣也不顾一切了。

友人知道梅尧臣喜欢蛤蜊，不时馈赠。泰州王学士寄来车螯、蛤蜊，梅尧臣大喜，年老之后，酒量虽下降，可甘鲜却是自己所嗜。老妻与女儿对蛤蜊也是极为喜欢，食完后杯盘狼藉。看着女士们不顾吃相，梅尧臣呵呵一笑，吟诗云："此味爽口难，书为厌者训。"

倪瓒是元末明初有名的吃货，他记录了蛤蜊的新食法。将蛤蜊洗净，生劈开，留浆，刮去蛤蜊泥沙。批破后用水洗净，之后再用温汤清洗，次用细葱丝或橘丝少许，拌蛤蜊肉，匀排碗内，再以水澄清，放入葱椒酒调和，入汁浇后可生食。

《遵生八笺》中记录了一道"臊子蛤蜊"，选用猪肉，肥精各半，切作小块，加些酒，煮半熟入酱，次下花椒、砂仁、葱白、盐醋和匀，再用水将绿豆粉或面粉拌匀，下入锅内，锅中一滚盛起。将蛤蜊用水煮熟去壳，配以臊子肉、新韭、胡葱、菜心、猪腰子、笋、茭白等，一起烹调食用。

明代刘若愚《酌中志》中则记录："先帝（明熹宗）最喜用炙蛤蜊。"炙蛤蜊的制法，将蛤蜊洗干净，以清水养上一日，再换水，使其吐出泥沙。将蛤蜊放入开水中，略为烫一下即捞出，剥开蛤蜊壳，将蛤蜊放在铁盘内，加上调味酱汁，送入火中烤熟。明代皇帝喜欢食用蛤蜊，蛤蜊也成为地方上的贡品。沿海各地，"凡每岁正月十五等日，造办鲤、鳟、鲟、鳇、鱼鲊、蛤蜊"。

蛤蜊在明代文人中，受欢迎的程度颇高。唐伯虎少年得志，不想京师考试时，却陷入科场案，丢了功名。此后半生，他沉浸在诗酒书画之中，逍遥于姑苏城，看残红作堆，雨里颓墟，突惊闻有人叫卖蛤蜊，怎能错过，"蛤蜊上市惊新味，鹈鴂[1]催人再洗杯"。

袁宏道一生逍遥，即便到了苏州这繁华之地当县令，也是叫苦不迭，狼狈不堪，辞去官职，返回故乡之后，山如黛水痕明，芳草油油带笑迎，每日里快活山林，剧谈禅道，看似放下了一切，可也有放不下的。读书疲乏之后，卧榻之上，袁宏道云："乡思鱼子饭，酒梦蛤蜊汤。"

山人陈继儒约了友人，到城外看花饮酒。消息传出后，有友人在城头看众人在城外逍遥，抓耳挠腮，跟跄下城参加集会，"又以酒及鲜笋、蛤蜊佐之"。此日不约而聚，共有十八人。最后众人"以一杯酒浇入口中，以一枝桃花簪入发角，人人得欢喜吉祥而去"。

张岱曾于雪月之中，登山观景，携酒畅饮，酒后驱小羊

---

1 鹈鴂：tí jué，古书上指杜鹃鸟。

头车下山，快活一世。张联元的大名不若张岱，可潇洒不输张岱。某年大雪封山，张联元胸挂两竹筒酒，又有蛤蜊百枚，冲虎丘而去，到了虎丘后，见池中有巨石，随即呵冻蘸墨，以池水书"昆仑"二字。

谢肇淛年轻时候至北京，京师的食物供应较为贫乏，市面上只有鸡鹅羊豕，如有一鱼，则被视为珍品。不到二十年，京师中满是水产品，鱼蟹之类的价格反而贱于江南，"蛤蜊、银鱼、蛏蚶、黄甲，累累满市"。谢肇淛认为，这是南方风气影响北方的证据。

至明亡之后，原先的天下第一鲜蛤蜊，地位急剧下降，清代宫廷菜肴之中也没了它的踪迹。后世的文人，重读前人诸多吟蛤蜊诗篇时，也许会效法前人，来上一盘蛤蜊。"两君霜夜两相过，有酒无肴争奈何。蛤蜊买得虽不多，百枚包以一枯荷。"夜间枯坐读书时，一壶浊酒，百枚蛤蜊，可消长夜，可伴诗书。

且向江南问鳆鱼

明代宫中，将海参、鳆鱼（鲍鱼）、鲨鱼筋、肥鸡、猪蹄筋，共烩一处，最为明熹宗所喜。

鲍鱼在中国古代食用的历史较久，但名头却被臭咸鱼给搞坏了。孔子曾云："与不善人居，如入鲍鱼之肆，久而不闻其臭。"秦始皇死后，秘不发丧，用鲍鱼一石，掩盖臭味。此处所云的鲍鱼，非海中的鲍鱼，而是腌晒的臭咸鱼。今日湖南一些地区，称咸鱼为"抱盐鱼"，也是从鲍鱼这个词演化而来。

贾谊《新书》中云，昔文王使太公望辅佐太子发。太子发，即姬发，后来的周武王，他比较喜欢吃鲍鱼，太公望却不许他吃。文王好奇，问道："太子发嗜鲍鱼，怎么不给他吃？"太公望道："礼，鲍鱼不登于俎，岂有非礼而可以养太子哉？"

伍子胥从楚国出逃，行至千浔津，求一名渔夫将他摆渡过江。渔夫将他带过江后，见其面有饥色，就对他道："子俟我此树下，为子取饷。"渔父去后，子胥心存疑虑，乃潜身于芦苇之中。不一会儿，渔父持了麦饭、鲍鱼羹、盎浆，来到树下，却不见人，知道人躲入了芦苇中，于是歌而呼之曰："芦中人，芦中人，岂非穷士乎？"子胥乃从芦苇中出来回应。渔父曰："吾见子有饥色，为子取饷，子何嫌哉？"

太子发爱吃的鲍鱼、伍子胥充饥的鲍鱼，都是咸鱼，而不是海鲜鲍鱼。

鲍鱼在古代称"鳆鱼"。《汉书》中云："亶饮酒啖鳆鱼。"古人认为，鳆，海鱼也。但鲍鱼却不是鱼，是在岩礁上的软体贝类动物，因营养丰富，自古即受到贵族的追捧。

王莽将要失败时"忧懑不能食"，胃口不好，每日里饮酒解愁，吃几口鳆鱼，累了就躺在书案上休息，也不上床睡觉。王莽调兵遣将，四处征战，却无效果，有人给他出主意："国家有难时，可以哭泣来破除。"王莽就带了百官，到了长安南郊号啕大哭，以求挽回局面，最后的下场，还是身败名裂。

建武二年（26），汉光武帝派遣伏隆，出使青、徐二州，招抚各地势力，二州强盗望风而降。琅琊强盗头目张步也来投降，派了他的秘书（掾），与伏隆一起到洛阳，进献奏章，同时献上鳆鱼作为礼物。光武帝接受了张步的投降，封他为东莱太守。但张步并不满足，将伏隆抓起来处死。

《东观汉记》中记载，齐国人吴良曾任郡吏，过年时与郡中官员一起去给太守入贺。门下掾王望举了杯子，大拍太守马屁，称颂功德。吴良勃然大怒道："王望，你这佞邪之人，欺诬无状，太守切不可接受他的祝贺。"太守听了动容道："你说得是。"遂不举杯，又赐给吴良鳆鱼百枚，提拔他为功曹。不想吴良却认为因进言而被提拔，乃是耻辱，坚决不接受提拔和礼物。

曹操在世时，特别喜欢吃鳆鱼，后人有诗云"莫嗜鳆鱼如老曹，但应菜饭学参寥"。曹操去世后，儿子曹植向徐州刺史臧霸索要了鳆鱼二百，作为祭祀贡品，"足自供事"。曹操长子曹丕接班之后，与东吴一度联合，对抗蜀汉。当刘备兴兵伐吴时，孙权派赵咨出使魏国，寻求帮助。曹丕特意托赵咨，带鳆鱼千枚给孙权作为礼物，"今因赵咨，致鳆鱼千枚"。

在三国时，日本所产的上品鳆鱼，就已在中国扬名。《魏志》中载："倭国人入海捕鳆鱼，水无深浅，皆沉没取之。"至今日本所产的干鲍鱼，仍被称为珍品。

南齐萧道成时期，淮北地区没有鳆鱼，偶尔有鳆鱼运来，价格不菲，一枚值数千钱。曾有人馈赠了大臣褚彦回鳆鱼三十枚。褚彦回此时虽居高位，但家中贫困不堪，有门生建议，不如将鳆鱼卖掉，可得十万钱，也好改善下家庭状况。褚彦回变色道："鳆鱼在我看来，乃是食物，不是财货，怎么能卖钱呢？"将三十枚价值十万钱的鳆鱼，与亲友一起吃光。褚彦回一生贫困，死时还负债十万，得了个谥号"文简"。

鳆鱼约是名头不好，故而也没有诗人吟诵了。唐代诗人皮日休在诗中曾写道："君卿唇舌非吾事，且向江南问鳆鱼。"唐诗中用鳆鱼，仅此孤例。

宋代《夷坚志》中记录，元善兴负责管理惠州（今广东省惠州市）淡水盐场，盐场在海滨，附近有居民数百户，均是打鱼人。据打鱼人介绍，入海捕取海鲜相当艰苦。打鱼者驾驶小舟到了鳆鱼产地，以麻绳系腰，缚一头于舵尾，然后没入水中，深入水下五六十丈，如捕手出其不意，不被鳆鱼察觉，则可以轻松获取。一旦被发现，鳆鱼吸力强大，黏在石上，牢不可拔，哪怕用槌击碎亦然。

鳆鱼别名颇多，如石决明、将军帽之类。鳆鱼新鲜，自然可口，制成鳆鱼干也是一绝。鳆鱼在唐宋时期，以登州一带最为有名。"登州成山，出鳆鱼，俗云决明，可干食。"

宋代吕原明以清廉简朴闻名，担任郡守时，以公帑[1]采购了一批鳆鱼干、笋干、蕈干等，用来招待宾客，认为此举可减少斩杀鸡鸭，以积功德也。东坡在资善堂时，盛赞河豚之美。吕原明问："其味如何？"东坡答曰："值那一死。"也是一趣。苏东坡是老饕，尝遍天下美食。苏东坡与友人腾达道，彼此书信来往，互有馈赠，其中就有"鳆鱼三百枚"。

　　苏东坡有长诗《鳆鱼行》，讲述了中国古代吃鳆鱼的历史，也描述了日本所产鳆鱼的美味。由此长诗，可以看出，宋代的鳆鱼产地主要是山东登州及辽东地区。鳆鱼送入之后，中都贵人追捧此美味，"割肥方厌万钱厨，决眦可醒千日醉"。面对此美味，东坡发出感叹："吾生东归收一斛，包苴未肯钻华屋。分送羹材作眼明，却取细书防老读。"

　　明代时，温州与登州均是鳆鱼的产地，但两地的制法不同。温州人将鳆鱼腌制了食用，登州人则晾晒为干，送入京中馈赠。就鲜鲍鱼与干鲍鱼的口感之别，周密《癸辛杂识》中载："有以活鳆鱼为献，其美盖百倍于槁干者。"鲍鱼干也是宋代的祭祀用品。南宋时，有官员因为将祭祀用品混淆，被罚铜十斤。所列的祭祀用品中，"鲍当用干，而今以生"，将干鲍鱼用成了鲜鲍鱼，乃是大错了。

---

1 帑：tǎng，公款。

到了明代时，清河等堡的驻军，常年驻守塞外，士兵却不以为苦，因为没有各种杂役的苦恼。在关内的驻军，各地都负有进贡任务，如海州要采集海参、鳆鱼，右屯要提供鸡鹅等，林林总总，不胜枚举。当时人云："其包赔之苦，服役之劳，盖万万不可言也。"如春季发银五钱，到了秋季要收参一斤，春季发银五厘或一只鸡蛋，到了夏天则索鸡一只。

鳆鱼在明代宫中，烹制成一道浓香扑鼻的"烩三事"。在民间，鳆鱼也是亲友间馈赠之物。毕懋康是万历年间进士，擅画山水，画风超逸。朋友黄克缵曾给毕懋康送了王右军书法帖二册，鹄游亭帖一部，灵岩宋贤墨迹一卷，自己的诗二册，均是风雅之物，又馈赠鳆鱼二百，"助读书时送酒"。

到了清代，鳆鱼与鲍鱼之名互通，如《大清一统志》卷中载："鳆鱼，俗名鲍鱼，东海出。"《札朴》中载："登州以鲍鱼为珍品，案即鳆鱼。"鳆鱼炖鸭一直是清宫中流行的菜肴。袁枚《随园食单》评价道："鳆鱼之贵，鲜味之美，鸭则羽族，酥烂肥润，两味合治，汤清醇香。"此口味，却与明代宫廷中的重口味有巨大差异。

清光绪二十六年（1900），八国联军入侵北京，慈禧、光绪帝出逃西安，一路上无比狼狈。当此国难之际，在汉口的日本东肥洋行，却想投机，要进献日本特产给两宫，"所呈贡品，系鱼翅二箱、鱿鱼一箱、鲍鱼一箱"。贡品提交给了张之洞，请其代呈给两宫。贡品送上去之后，慈禧、光绪传旨，颁赐嘉奖。

第五章

酒起黄封满座香

○ 光禄美酒太官羊

○ 御厨官酒出黄封

○ 沽来处州金盆露

○ 谁怜按酒敌庖羊

○ 财色酒气万历帝

光禄美酒太官羊

在明代宫廷之中，常可见"羊酒"。每每臣子被赐给羊酒，都要感激涕零，焚香谢恩。那么，羊酒是什么？

羊酒中的羊，是太官羊；酒，是光禄酒。

秦设有郎中令，掌管宫殿门户，汉武帝时改名为光禄勋，掌宿卫侍从。南朝梁时，更名为光禄寺，执掌帝王膳食。到了唐代，仍以光禄寺执掌宫中御膳。而光禄寺赐酒，也成了宫中宴饮的代称，如白居易在诗中写道："劝尝光禄酒，许看洛川神。"

光禄酒常与太官羊并称，因秦时设有太官令、丞，属少府，两汉沿袭，执掌皇帝膳食及宴饮。到了北魏时，太官掌百官之馔，属光禄卿，此后历代承袭下来。宋代黄庭坚诗云："春风饱识太官羊，不惯腐儒汤饼肠。搜搅十年灯火读，令我胃中书传香。"

陆游在《题龙鹤菜帖》中云："先生直玉堂，日羞太官羊。如何梦故山，晓枕春蔬香。"世人不入先生法眼，唯有龙鹤菜可以缅怀。龙鹤菜名字响亮得很，却是极为普通的野菜，民间用来做羹供食。

南宋王迈，为人刚直不阿，被评价为"此君不可犯"。王迈得罪显贵，被人告发，罪名也很奇怪，乃是在殿堂之上说话的声音过于响亮，为此被免职。在朝堂之上，王迈浑身不自在，点头哈腰，迎来送往，茫茫俗眼笑荒唐，无奈之下，发出感慨："大官羊肉非吾羡，一箸藜羹劣可尝。"藜羹，如龙鹤菜一般，乃是用藜菜所制的羹，泛指粗劣食物。

不过还是有人喜欢光禄酒、太官羊。诗云："酿成光禄酒，调作太官羹。"对于臣子而言，皇帝赐酒赏食，乃是无上荣耀。宋代的君臣关系，应是中国历史上最为和谐的，虽然历代都有赏赐给臣子，但宋代皇帝的赏赐，却有着难得的一份感情。每到重要节日，乃至大臣过生日时，皇帝必定有赏赐。如淳熙七年（1180），周必大生日时，皇帝赐下羊二十头、法酒十瓶、法糯酒十瓶、糯酒十瓶。

"春风游帝乡，稳博太官羊"，元代时，皇帝来自草原，对于羊肉的感情更在大宋皇帝之上，臣子参加宫廷宴饮时，可食得各种口味的羊肉。元人张仲深扈从皇帝时，曾获羊酒赏赐，作诗云："坐分光禄酒，膳给太官羊。"元代朝廷遣臣子到曲阜孔庙祭祀时，祀品之中，太官羊、光禄酒齐备。

在朝堂上的刀光剑影之外，大臣们也有难得的放松时光。元代张之翰行至通州河上，流水泛波，斜阳时登舟，回首环顾，都门柳色青青，此时别离，不由赋诗云："几壶光禄酒，一卷翰林诗。无人相慰藉，有限自支持。"张之翰是名美食家，尝试过各种食物，并做详细评判。

元末时，贡性之官至闽省理官，朱元璋等人反元之后，隐居浙江绍兴，躬耕自给以终。入明之后，遇到往昔的同僚，贡性之想起当年在元代宫廷上分食羊肉的时光，"大厨分锡太官羊，曾识而翁在庙堂"，此时相逢江海上，已厌膏粱味。

"玉盏频斟光禄酒，雕盘满贮太官羊"，到了明代，羊酒由光禄寺下辖的良酝署负责。光禄酒以南方所产糯米、绿豆、荞麦酿成，酒瓶也由南京光禄寺运送到北京。每岁松江等府解白糯米两千四百石，太平等府解绿豆四十石供造酒用，宁国府解瓶十三万个供盛酒用。

太官羊则由良酝署负责，将浙江等地解纳的绵羯羊安排收养，后改为缴纳银两，不送活羊。至于光禄寺所用羊，由顺天府、山西、陕西等地征解官羊或民羊。宫廷中一年用羊量颇大，如嘉靖七年（1528），光禄寺岁派一般用羊就有一万零七百五十只。

《皇明诏制》中记录了赏赐羊酒的具体情况。如民间有五世以上同居而不分家，经官方勘实奏闻，旌表以励风俗，诏书到日，先给羊酒奖劝。文职官员二品以上，年及八十者，官府备彩币羊酒问劳。亲王郡王年七十以上者，赐羊酒等慰问。

明代官员，不论职位大小，定期有考核，考核合格后，皇帝也会赐给羊酒。《吏部职掌》载："从一品，不拘三六九年，考满先年，俱赐羊酒钞锭，并赐宴敕等项恩典。"如雷礼官至工部尚书，嘉靖三十九年（1560），尚书考满，赐新钞羊酒。九月初七，圣旨颁下："赐原封钞二千贯，羊一只，酒十瓶。"面对皇恩，雷礼焚香望阙，叩头谢恩。

李贤，明朝重臣，历经宣宗、英宗、代宗、宪宗四帝五朝。天顺年间，李贤因病不能上朝，明英宗派遣太监前来询问，又遣太监裴当携带羊酒来视疾。六月一日，复遣太监安宁赍银五十两来视，又命太医刘礼调治，此后连续多日，派遣太监前来探视。至六月七日，李贤上朝入谢，明英宗很是开心，道："先生尚宜将息，不可多行动也。"

于谦拥戴景泰帝有功，升任兵部尚书。某日于谦得病，景泰帝立刻派遣御医前来诊治，又派太监探望，赐给"白金五十两，用资汤药，并赐羊酒、白米"。景泰八年（1457），英宗复辟后，于谦被以"谋逆罪"处死。

宣德五年（1430），就南方运粮到北方问题，杨士奇提出了系列建议，皇帝深以为然，即令颁行，又令尚膳监赐馔。改革措施颁布后，天下拥戴，皇帝知道后很是开心，召见杨士奇，"赐钞三千缗，文绮二端及羊酒"，宣德帝笑道："薄用润笔耳。"

嘉靖十一年（1532）九月十四日，礼部尚书夏言备好酒饭脯果祭祖，因为自己得到皇帝的各种赏赐，不可不告知祖先。此月十三日，嘉靖帝在西苑迎翠殿之北室召见夏言，赐诗二首，又赐光禄酒饭、尚膳珍馔。当日又赐荐新稻米饭，并黄封酒一樽，脯醢三品，果五品。十四日，赐御制诗、御笔及食物。二日之间，夏言接连得到赏赐，实乃祖宗保佑，故备上祭品感谢。可皇帝的恩宠是双刃剑，嘉靖二十七年（1548），夏言遭到严嵩陷害，被弃市处死。

隆庆年间，高拱主持内阁，权势显赫。隆庆五年（1571）七月九日，圣旨奖励，称高拱主持部事，"秉公持正，朕心嘉悦，其赐羊酒，斗牛衣一袭，银五十两以酬劳绩，所赐不允"。不想到了次年，太监冯保联合张居正，将高拱斗败。隆庆帝去世后，冯保向太后进谗言，将高拱在隆庆帝灵前所云"十岁太子，如何治天下"，改为"十岁孩子，如何做人主"，太后震怒，决定驱逐高拱。次日，诏书宣布，高拱"揽权擅政，威福自专"，令其回原籍闲住，此后张居正成为内阁首辅，风头无两。

明代宫中御前近侍太监，称"答应"，负责各种跑腿活儿，地位卑下。答应中的首领，则称"答应牌子"。凡钦赐大臣银两羊酒等事，皆由答应牌子赍送，天下文武官、各藩府进贡礼物，由答应牌子接进。答应牌子也有特殊的荣耀，如可以戴官帽。

如同今日送锦旗之类一般，羊酒常在官场上被使用。嘉靖三十三年（1554），唐顺之领兵在崇明岛，击破倭寇，夺船至七艘，斩真倭首级至百余。此战胜利后，南京兵部激动无比，拨出海防银十五两，分为七两、五两、三两，置办花红羊酒，送给三名领兵将领，"以表本部同心共济之义"。嘉靖年间，湖广荆州府江陵县，有人两次出粮食千石，赈济灾民。该县出官钱，"买办花红羊酒，敦送本家，以礼奖励"，同时奏请皇帝褒奖。

《皇明书》中载，宣德四年（1429）十二月朔，宣德帝以霜寒之故,命光禄卿赐早朝百官羊酒。宣德帝对侍臣道:"皇祖考(朱元璋)临朝时,早上常赐食,必谨识毋忘。"宣德帝所赐的羊酒中,羊乃是太官羊,酒乃是御寒的头脑酒。

头脑酒有诸多别称,如投脑酒、脑儿酒、头脑汤、恼儿酒等,适宜冬日暖身。《涌幢小品》载:"凡冬月客到,以肉及杂味置大碗中,注热酒递客,名曰'头脑酒',盖以避风寒也。"至于头脑酒的来历,如宣德帝所云,乃是朱元璋体恤下属,冬至后以头脑酒赐给群臣御寒。

西门庆时常饮"头脑酒",将肉圆、馄饨、鸡蛋等食物与酒水混在一起饮用。一日西门庆起早,何千户来了,两人吃了头脑酒,起身同往郊外送侯巡抚去了。西门庆至京师时,何太监在宫中值班房招待西门庆,道:"我晓得大人朝下来,天气寒冷,拿个小盏来,没甚么菜肴,亵渎大人,且吃个头脑儿罢。"西门庆女婿陈经济与爱姐勾搭上,爱姐的母亲便安排了鸡子、肉丸子,做了个头脑酒与他吃了暖身。

头脑酒也被民间仿效,早上饮用,充作早餐,做法多是用热酒冲泡食物。酒,是甜酒。所用食物,各地不一,一般都有肉丸、鸡蛋、馄饨之类。四川地方上的头脑酒用豆干、蔬菜、肉食冲泡。

西门庆也时常饮用羊羔酒,此酒历史久远,至明代仍广为流行。《遵生八笺》中记载了羊羔酒的制法，取糯米一石，依照通常办法浸浆，以肥羊肉七斤，酒曲十四两（诸曲皆可）。将羊肉切成四方块，煮烂后与杏仁一斤同煮，去掉羊肉，留下汤汁，与米饭、酒曲拌匀，加木香一两酿酒。十天之后可以酿成，"味极甘滑"，脂香浓郁。《事物绀珠》中载："羊羔酒出汾州，色白莹，饶风味。"

《本草纲目》中认为羊羔酒大补元气，健脾胃，益腰肾，对食欲不振，腰膝酸软等症状有良好效果。羊羔酒在当时很受欢迎。

明代所饮的主要是黄酒，饮用时加热，再过滤去除其中杂质。利玛窦在中国时发现，中国人喜欢将酒加温后再喝，欧洲人则冷饮。比较起来，利玛窦更喜欢中国人的饮酒方式，认为利于健康。

当然，太官羊、光禄酒，却不是平白能消受得起的，于谦、夏言、高拱，叱咤于朝堂上，不时蒙赐羊酒，以至于夏言激动万分，告知列祖列宗。可皇恩淡去之后，昔日的恩宠再无，羊酒也成了苦酒。在刑场上喝断头酒时，不知道他们是否会回想羊酒的荣耀。

明人胡奎《田妇谣》云："昨日使君骑白马，过妾门前楸树下。出门长跪谢使君，喜得今年征敛罢。生儿不愿太官羊，愿妾身安婆寿长。"这首诗，说出了人间真谛，只要有酒有羊，何须高居庙堂之上。

御厨官酒出黄封

与前朝后代相比，明代的皇帝多了些酒鬼，贪杯著名者如正德帝、万历帝、天启帝等。

宫中的御酒房由太监执掌，负责皇帝茶酒瓜果事宜。御酒房有提督太监一员，厨役四十名，专造竹叶青等御酒及糟瓜茄等，所制干豆豉最佳，外廷官员轻易不能获得。御酒房的位置在仁智殿西南，仁智殿俗称"白虎殿"，凡大行帝后梓宫灵位，在此停供。

明代宫中另设有酒醋面局，有掌印太监一员管理，执掌宫内食用的酒、醋、面等物，与御酒房并无统辖关系。浙江等处岁供糯米、小麦、黄豆及谷草、稻皮、白面等物给酒醋面局，以备御前宫眷及各衙门内官使用。

至于光禄寺下设的"良酝署"，每年酿制"御用细酒"四千四百余瓶，"官用细煮酒"十万余瓶，供宴会与祭祀使用。光禄寺中有铁力木酒榨，相传是从沈万三家中抄来的，每榨用米二十石，得酒百瓮。

宫中所用的内酒，由御酒房太监监制，光禄寺不得干预。御酒房所酿的各种酒，称"内法酒""黄封酒""长春酒"之类，光禄寺良酝署所酿制的酒，则称"光禄酒"。如元旦日，严嵩蒙赐长春酒并光禄酒，即将二者并称。

宫酒以黄帕封住，故谓黄封酒，而宫中的御酒可以统称为"黄封酒"。嘉靖帝赐给严嵩竹叶清酒与真珠红酒，严嵩在颂恩诗中将两种酒统称为"黄封"，"御厨官酒出黄封，碧滟红香昔未逢"。再如邵宝诗云"黄封瓮上又加封，珍赐由来出上供"。

宫廷宴饮也是增进君臣关系的一种手段。洪武二年（1369）冬十一月二十二日，朱元璋召见翰林学士宋濂等大臣。君臣闲聊一阵子之后，朱元璋命太监端来菜肴，赐黄封酒畅饮。朱元璋兴致很高，让大臣们全部喝光，一旁的太监也是分外卖力，频频劝酒，宋濂喝了几杯后，怕喝醉会招惹是非，就极力推辞。朱元璋笑道："卿但饮，虽醉无伤也。"

朱元璋时期，功臣多不得善终，只有郭德成终身以酒自污，得以幸免。朱元璋要任命他做官，郭德成大力推辞，朱元璋怒道："尔兄弟皆候，辞何说也？"郭德成则道："臣懒慢耽酒，位高禄重，事有失职，却杀我也。人所乐不过多得钱，饮美酒，随意自适。"朱元璋闻言大喜，赏下黄封酒。郭德成每大醉，见老兄弟们骑马出征，私下感叹："虚名虽好，只是累人，怎如我乐也。"

宣德四年（1429）四月，宣德帝赐朝中文武大臣十五人，游玩西苑（今中南海）。"是日天宇澄明，纤尘不作。引而四望，山川之壮丽，卉木之芳华，飞走潜跃，各适其性。万华毕陈。胸中豁然，心旷神怡，上命赐黄封之酒，御厨之珍，令咸醉而归。"此时天降下雨，众臣无不欢欣，纷纷满上酒杯，尽醉而出。

弘治帝关心大臣们的生活，曾问一太监："今各衙门官，每日早起朝参，日间坐衙，其同年同僚与故乡亲旧，亦须宴会，那得功夫饮酒？"内侍答云："常是夜间饮酒。"弘治帝曰："今后各官饮酒回家，逐铺皆要灯笼传送。"此后虽风雪寒凛之夜，大臣晚归时，仍有灯笼照亮归家路。

能尝到宫中御酒的，自然称其为"黄封酒"。明代演义小说之中，却多见"皇封御酒"，盖因这些演义小说的作者，多是落魄文人，虽知有黄封酒，却未尝一试。在小说中，将其称为"皇封"，也是其期待皇帝赏识，得到重用的隐秘心理了。

《六十种曲·邯郸记》中："相公回朝，奴家开了皇封御酒，与相公把一杯。"《水浒传》中"圣旨敕先锋使宋江等收剿方腊，累建大功，敕赐皇封御酒三十五瓶，锦衣三十五领，赏赐正将。其余偏将照名支给，赏赐缎匹。"《杨家将演义》中："小人不是细作，乃渔父矮张也。日前献鱼上朝庆寿，蒙太后敕旨，留我父子赐宴，吾父因见皇封御酒，多吃了几杯，不料醉死。"《封神演义》中："诸妖自不曾吃过这皇封御酒，狐狸量大者还招架得住，量小者招架不住。妖怪醉了，把尾巴都拖下来。"小说中，梁山好汉、渔父矮张、诸狐妖都不曾吃过黄封御酒，无不喝得酩酊大醉。

在明代，高品质的黄酒，往往度数较高，而宫中御酒的度数，更高于市井之上的一般好酒。故而小说中描写，喝皇封酒喝得醉死，倒是与历史吻合。宋起凤喝过宫中的御酒，认为色白味冽，多饮败脑。败脑的原因，乃是酒精含量高。

宫中美酒，使用频率最高的，则是长春酒。长春酒象征吉祥长寿，可唐代的长春酒，却犹如毒鸩。唐开元二十五年（737），有隐士献出长春酒方，唐玄宗大喜过望，分赐给年迈臣子。臣子们得了酒方，纷纷狂拍马屁："赐药兼方，远使人寰。同升寿域，庆流渥泽。驰景回光。凡在生灵，不胜悦庆。"

不想士大夫服用长春酒后，多有暴毙者，唐玄宗大惧，制止臣子们饮用。唐玄宗如果是拿群臣来做实验品的话，则代价太过高昂了，以他的性格，还不会做出这种荒唐事。到了明代宫廷之中，不时赐下长春酒，臣子无不欢欣鼓舞，"宫酒先颁帝右臣，恩波晓逐岁华新"。

嘉靖十三年（1534）八月初十，乃是嘉靖帝万寿圣节，庆贺礼成。是日中午，圣旨发布："今日朕生辰，此酒名长春，特颁共卿等饮，以交欢耳。"夏言获赐长春酒二瓶、票酒十瓶、烧割一分。嘉靖十四年（1535）正月，嘉靖帝在文华殿召见大学士张孚敬、李时，尚书汪鋐、夏言等，示以御制元旦诗，又赏赐长春酒及各种物品。嘉靖十五年（1536）十一月十五日，夏言获赐烧割一分，长春酒十瓶。

皇帝不时有长春酒赐下，夏言歌功颂德的诗篇如水般流淌而出，"前年春饮长生酒，御笔丁宁始识名。今日山中频拜赐，愿歌既醉答升平"。夏言获赏的长春酒多，也用来款待门生，培植势力。苏州人皇甫汸于嘉靖八年（1529）考中进士，他到夏言府邸中赴宴，得饮御赐长春酒，不胜喜悦，"学士留欢宴玉堂，书生何幸奉余光。华灯不夜犹元夕，御酒长春出尚方"。

万历帝刚刚登基时，张居正辅政，又承担了教育小皇帝的使命，君臣二人关系和睦。不时有太监到张居正府中，特赐烧割一分、长春酒十瓶之类。面对这种赏赐，臣子们磕头连连，涕泪交零，表示要誓死效忠。

明代良酝署、御酒房所酿制的主要是黄酒，而明代所饮的酒，以发酵的黄酒为主，高度的蒸馏酒（今日所称白酒）已经出现，并不流行。

先秦以降，古人所饮主要是发酵酒。发酵酒分为"浊"与"清"二种，浊酒用曲量较少，投料较粗，发酵期短，酒液浑浊，味甜酒精度低，称"白酒"（也称浊醪）。因为未过滤干净的浊酒上常漂浮着米滓，又被文人戏称为"浮蚁"。

清酒用曲量较多，投料较精，发酵期较长，酒液清澈，故称"清酒"。优质的发酵酒，色呈黄色，被称为"鹅黄"。发酵酒中高等级的鹅黄，酿造工艺完备，时间长远，颜色深醇，被称为"老酒"。

宫中的酿酒方法，颇有传承，一说认为，可上溯到宋代，但肯定不是唐玄宗害死人的长春酒方。明代有满殿香酒曲方，以白面、糯米粉、木香、白术、甜瓜、藿香、甘草、丁香等制成。《遵生八笺》中记录了一道"内府秘传曲方"，以白面、黄米、绿豆等制成酒曲，每石酒入曲七斤，不可多放，其酒清洌。宫中金茎露曲的制作方法是，"面十五斤，绿豆三斗，糯米三斗，为末踏"。

明代御酒房所酿，比较有名的两种酒，一是金茎露，一是太禧酒。当时人评价金茎露："清而不洌，醇而不腻"，又称其味厚而不伤人，乃是酒中才德兼备之君子。太禧酒，色如烧酒，彻底澄莹，浓厚而不腻，被视为绝品。

金茎露的典故久远，汉武帝曾作金茎，柱高十丈，大七围，上有仙人托露盘，承露水，云饮露可得长生。汉武帝的金茎露不是单纯的露水，应该加了其他材料，只有皇帝最亲信的方士，偶尔才能尝一滴。神秘的金茎露，让后世遐想无限。唐代李商隐诗云："青雀西飞竟未回，君王长在集灵台。侍臣最有相如渴，不赐金茎露一杯。"

到了明代，感恩皇帝赐给金茎露的诗篇颇多，如陆深诗云："当年与赐金茎露，梦断空瞻白玉京。"冯琦诗云："词臣病渴沾新酿，不羡金茎露一杯。"陆深在嘉靖朝官场上几经沉浮，在外地任官时难免遥想京华；冯琦在万历年间长期任职，以老好人的形象出现，不参与有争议的事件，不弹劾任何人，也没有被弹劾过。

万历十六年（1588）九月十三日，万历帝自功德寺行在返京，行至浑河时，距京师四十里许，遣宦官召大臣五人跟随。

长桥跨河,其下水流奔腾澎湃,令人毛骨悚然。万历帝先上桥,五大臣随后,过桥之后,赐下金茎露畅饮,"中使频传赐五臣,黄封酿是金茎露。马上微醺别有春,豹尾先驰卤簿还"。崇祯帝喜饮金茎露、太禧白两种酒,认为名字不好听,将二酒分别更名为"长春露""长春白",因为内酒总名长春酒,故而以"长春"二字冠之,自此宫中不复称金茎、太禧。

宫廷御酒难得一尝,宫外有高仿品"廊下内酒"。御酒坊的太监与仆役有着一手酿酒的绝活儿,就发挥出来,投身于酿酒事业,这在当日是无可厚非的事。朝中亲贵大臣们,开酒坊的数不胜数。太监们在玄武门外东廊下家,找了房屋,酿造好酒,称廊下内酒,在京内行销。

京师酒家,但凡囤有廊下内酒者,都能翻倍卖出。据喝过此酒的人云,"其酒殷红,色类上海琥珀光酒"。王世贞尝过宫中的内法酒,后来又饮过太监按照宫内方法所酿制的酒,应当就是"廊下内酒"了。对于此酒,王世贞评价不高,虽似清美,"饮之令人热及好渴,不堪醉也"。至于上海的琥珀光酒,乃是上海南翔镇所产名酒,以传统中药郁金(姜黄)为主,佐以其他香料,色香味俱全,因色泽金黄,也称琥珀光酒。

沽来处州金盆露

中国古人，对天降之雨露，有着不一般的感情。"露者，阴气之液也，夜气着物而润泽于道旁也。"古代有着诸多与饮露相关的故事，如：姑射神人，吸风饮露，汉武帝制作金盆以承露，和玉屑服食。

到了唐代，徐寅[1]《草木》诗中云"仙翁乞取金盘露，洗却苍苍两鬓华"。此诗之中，露具有奇特功效，能返老还童，难怪杨贵妃每日早晨，吸食花上之露了。唐人此时流行露酒，以发酵酒配为基酒，配以各种香草，如桂花、菊花、松花之类酿制而成。不过在唐代，尚未出现金盆露酒。

---

1 徐寅即徐夤（《全唐诗》作夤），字昭梦，泉州莆田（今属福建）人。

到宋代，金盆露才作为酒而出现。宋人在《酒名记》《武林旧事》《梦粱录》等著作中，罗列天下名酒，其中就有处州出产的金盆露，被誉为酿制工艺一流。《宋朝事实类苑》中则载，处州一带的酿酒匠人，善于酿制美酒，其所出品，无不醇美。宋代处州出美酒，也是历史的大变迁所致。在晚唐、五代十国的乱局中，大量中原民众南迁，他们为南方带来了先进的生产技术，这中间就包括酿酒技术。到了宋代，当承平日久后，民间酿酒业开始发达，系列佳酿涌现。

宋绍圣元年（1094），秦观被贬处州[1]。少游在当时，风华绝代，惊艳一世，列为苏门四学士。奈何卷入党争，被贬离京。离开弥漫着奢华金粉气息的京师，未尝不是一个较佳的选择。就苏轼而言，被贬之后，他未见有任何不适，反有逃离之感。

可少游心境却是不同，他多年苦读，历经坎坷，方能在文坛有一席之地。此时离京，却让他有失落怀念之感，想起元祐初年，东坡、子由、少游与诸多俊杰，雅集豪饮于西园，为文坛之盛事。离开京师时，他写下了迷离的句子："韶华不为少年留，恨悠游，几时休？飞絮落花时候一登楼。便做春江都是泪，流不尽，许多愁。"

---

1 今丽水。

秦少游失意，被贬杭州，任监处州酒税。监处州酒税这份工作，就是游走于市井之间，每日里收取酒税、鱼税之类。这工作是比较清闲的，只是当日的税务部门，尚无气派的衙门，少游独自寄居在一所寺庙之中。街市归来，寺庙之中，脱去凡尘俗气，少游汲清泉，为老僧煎茗粥，却是另一番感受。

在处州两年间，被赞誉为"酒边花下"的少游，自然少不得要与处州美酒，结下一番情缘。无数次淋漓酣醉之后，少游登上处州秀美之山，遥望天际，百结愁肠，化作了一句"聊共饮离尊"。直至今日，处州，仍有着少游与处州美酒的故事。故事之中，少游最爱的，自然便是"金盆露"了。

到了南宋时节，金盆露更为文人所钟爱。杨万里是文学大家，更是酒中行家。年迈之后，每日里以酿酒为乐事。杨万里自述，所酿之酒，口味中和者为金盆露，口味浓烈者则称椒花雨。"老妻知我憎官壶，还家小槽压真珠。"此时发酵酿酒，在原料发酵成熟形成酒醅之后，置于酒槽，用重物压榨，从酒槽孔隙中获取清澈酒液。

金盆露，酒如其名，即带有淡淡金黄色泽，若盛于金盘中的秋露。如同钻石散发冷彻光芒，品质上佳的金盆露，常被形容为"清冷"。如南宋楼钥《过苍岭》中写道："路人缙云频借问，碧酒香好是谁家。"碧，是指金盆露的品质高，给人透彻清冷之感，而非指其色泽。

先秦以降，古人所饮主要是发酵酒。发酵酒分为"浊"与"清"二种。高品质的发酵酒，色呈金黄色，被称为"鹅黄"。杨万里在诗中写道："金盘夜贮云表露，椒花晓滴山间雨。一涓不用鸭绿波，双清酿出鹅黄乳。"

杨万里曾长年居住在浙江，喜爱酿酒的他，必然学到了处州的酿酒方法。酒酿好之后，常用来招待他江西的亲戚。六十四岁时，杨万里老先生得意扬扬，亲自携带金盆露，一路舟行去淮上，好让亲旧尝尝他的手艺哩！

南宋灭亡之后，金盆露成为遗老们追忆故国的寄托。遗老刘辰翁在《烛影摇红·丙子中秋泛月》中写道："有客秋风，去时留下金盆露。少年终夜奏胡笳，谁料归无路。同是江南倦旅，对婵娟，君歌我舞。醉中休问，明月明年，人在何处。"

到了元代，虽然蒙古人带来了蒸馏酒，可金盆露的地位却未受冲击。元人许恕有诗云："何时烂醉金盘露，再见扬州酒价高。"可见在宋元，金盆露已经畅销于大江南北，且价格较高。

元末绍兴人张宪，追随张士诚征战。至张士诚败亡之后，他改变姓名，寓居于杭州寺庙之中，默默终了此生。他的诗文多与金盆露相关。如："小席金盆露，长围玉局棋。醉眠

忘战伐，何物锐头儿。""天上金盆露，人间玉树秋。长卿
消渴久，明日再扶头。"

有明一代，处州金盆露，名满海内外。徐渭对处州金盆
露的生产销售有记载，"处州盛以露酿，四方多来贩，名金
盆露"。明代何良俊《四友斋丛说》品评海内名酝，其中就
有"括苍之金盘露"。括苍，指处州，境内有括苍山，山民
以清溪酿酒，清香尤甚。

明代的文坛领袖王世贞，一生好酒，他曾尝遍全国二十
种名酒，最爱者，唯有处州金盆露。在《酒品前后二十绝》中，
他盛赞道："金盆露出处州，佳在南品之上，亦以不甘为难耳。"

王世贞著有《神仙列传》，罗列了道教的众多神仙。他
更希望，自己有朝一日，能飞升而去，位列仙班，"登弇山
之巅"。可他终究还是现实的人，对得道成仙的神往，却没
有让他痴狂。他知道，弇山终究遥远，成仙也是渺茫。面对
时光飞逝，人世变迁，他发出了"夫山河大地，皆幻也"的
感叹。

悟透之后的王世贞，陶醉于园林，迷醉于佳酿。他又以
浪漫的笔调，写出了金盆露的醇美："空传仙掌擘清霄，可
似真珠写小槽。白露白云都不要，温柔乡里探春醪。""温
柔乡里探春醪"，读起来香艳无比，其实王世贞只是喜欢美

酒罢了。真是古今从来同一醉，风流摇落无人知。

　　喻燮是明代史学大家，"上下数百年间事，指画舌涌如睹"。喻燮对王世贞的才华极为欣赏。八十大寿时，王世贞前去祝寿，写下长诗，描述寿宴上的盛况。箫鼓齐鸣之间，地方贤达纷至沓来，儿子们奔走于堂前，无数礼品陈列。可老寿星对于珊瑚之类的珠宝，却没有兴趣。女婿知道丈人的心思，立刻捧出美酒，"丈人且进金盆露"，于是举座皆欢腾。

　　金盆露在宋代，就因为口味中和，被视为养生之酒。李时珍《本草纲目》中，也有金盆露的记载："处州金盆露，水和姜汁造曲，以浮饭造酿，醇美可尚。"李时珍认为，金盆露味甘性热，可以驱寒健脾。姜汁，即生姜汁。金盆露，先以水与姜汁造曲，再用浮饭酿制而成，味道醇美。

　　"县小河阳花遍开，金盆露冷醉人来。"此诗乃万历二十五年（1597），汤显祖在遂昌担任知县时所写。诗中写出了金盆露的特征，即清冷干脆。此特征，实因其品质精良，方能达到。不过山东人冯惟敏却不爱此物，他写道："沽来青州酒一壶，浸入泉深处，胜似蜜林檎，赛过金盘露，不爱凉甜只爱苦。"冯惟敏不惜凉甜金盆露，却爱苦涩青州酒，不过多数人还是喜欢金盆露清爽甘甜的口味。

　　金盆露口味之佳，以至于小童也贪吃。明代刘城，字伯宗，安徽贵池人。刘城在处州长大，少时就已迷恋金盆露的甘美。一介孩童，每日里口中衔了酒杯，溜到酒槽中等着接酒喝。长大之后，再回忆这段生活，他不由感叹，当年偷酒吃的地方，可是当年秦少游监税之所啊！

一樽金盆露，大江南北，庙堂内外，引出了无数故事，造就了诸多文章。

洪武年间，名僧释来复善为诗文，被朱元璋召至京师，委以重任。释来复在南京升座说法，声动朝野，成为佛教领袖。释来复为人豪迈，性喜酒，他曾作词云："夜酌金盆露一杯，但使清心遗物累，何须涉水问蓬莱。"金盆露却未能让释来复超脱，后他诗中含讽，又参与权力的游戏，被朱元璋下令诛杀于丹墀之下。

明熹宗朱由校是个老酒鬼，魏忠贤掌管内官时，把宫外所酿造的美酒，通过御茶房进献给皇帝。当时进献的酒名目繁多，有荷花蕊、金盆露、君子汤、佛手汤、天乳、琼酥之类。如宫词中所云"但看御酒供来旨，录得嘉名百十余"。

当时有人因为善于酿金盆露等酒而升官。据《雕丘杂录》记载，明熹宗时，魏士望善于酿酒，家中酿有秋露白、金盆露、芙蓉液、兰花饮等各种酒，均甘洌诱人。魏士望因为能酿酒，深得酒鬼朱由校的垂爱，一路高升，位极人臣。至清代，其家藏美酒，名满京师，后人出售这些家藏酒，获利颇丰。

在明代，金盆露是款待老友，孝敬亲友的首选。《秋谷集》中载，崔世召与新安何海若，几十年好友。之后崔世召因为党争入狱，侥幸得脱，老友再见时，悲喜交集。何海若不时携金盆露来犒劳老友，"每过必觞余金盆露，尽醉而返"。

抗倭名将谭纶，在浙江任职期间，深爱金盆露。与戚继光一起组织抗倭战事时，少不得要畅饮一番。谭纶是江西人，在外饮此美酒，自然不能忘记老父，不时托人捎带返乡，以报答父恩。在家书中，不时可以看到此类记载："寄回陈金盘露酒二樽，白鲞四十斤。"

金盆露也是少年轻狂之辈的最爱，春风十里扬州路，更少不了那金盆露。广东肇庆人李文彬，年轻时候路过扬州，畅饮金盆露，逍遥于春楼。三十年后，再回首往事，他写下了："十千一斗金盆露，二八双鬟玉树歌。"

到了清代，金盆露照样大行其道。苏州陈瑚，草堂落成之后，摆下酒席庆祝。酒后他盛赞道："玉糁羹香从地出，金盆露美与天齐。"玉糁羹是苏东坡用山芋创造的一种食物，被他吹捧为色香味奇绝，"人间绝无此味也"。可到了清代人这里，能与天齐的只有金盆露了。陈瑚甚至认为，酒之最美者，唯有金盆露。夜饮金盆露，可阅人世沧桑，品人情冷暖，敢笑啼深夜，雄心不已，还欲起舞。

苏州石韫玉，是乾隆八十岁生日时所取状元，恩宠无限。可这位状元郎，冬日寒冷时，"消寒欲觅金盆露，无奈兵厨酒价增"。兵厨者，藏酒售酒之所。此句透露了两个信息，一是金盆露在清代照样畅销，二是金盆露价格较高。穷状元郎想饮金盆露，估计要去当铺当掉一两件衣物吧？

文人饮酒，常有号称千杯不醉者，实因发酵酒度数不高。不过在发酵酒中，金盆露却是度数较高，在宋代就有"辣"名，清代则有"金盆露泡浓"之说。清代常熟孙原湘，一次到朋友黄韵山家中饮酒，"黄君爱我诗，饮我金盆露"。孙原湘饮金盆露之后，"一杯和心神，两杯起沉痼，三杯竟陶然"。三杯之后，孙原湘双眼如蒙云雾，趴在琴上就睡着了。醒来之后出门回家，走路时竟如同跳舞一般，此时春风吹拂，新月挂树，但愿长醉不复醒。

每一滴金盆露之中，都是历史，都是故事，让人流连沉醉。今日浙江丽水山间过山殿，仍遵循古法，酿造金盆露。曾在历史上让无数人倾倒的金盆露，默默地等待着有缘人。

谁怜按酒敌庖羊

元至正二十年（1360）四月十七日，就在朱元璋即将与陈友谅展开决战之前，他的第四子朱棣出生。洪武三年（1370），在击败北元之后，朱元璋分封诸子为王，十岁的朱棣被封为燕王。洪武十三年（1380），朱棣就藩北平，此后在北方前线主持了多次战事，立有战功。朱棣一生，骑马纵横于战阵之中，冲锋决荡，乃是他的最大乐事。

朱棣在位的二十二年中，有过不少惊人之举。如迁都北京，五次亲征漠北，郑和下西洋，灭安南，设奴儿干都司、哈密卫，通西域，浚漕河等。朱棣登基后领兵，深入草原，欲图展开战略决战，彻底解决草原民族的威胁。金幼孜《北征录》记录了自己随同朱棣深入草原征战的经历，由其中也可一窥朱棣在战阵之中的饮食。

永乐八年（1410）二月十日，朱棣亲征。是日，大军出北京，据金幼孜的记录，北征途中，皇帝曾多次赐给黄羊、瓜果，有时还"赐食御庖鲜鱼"。朱棣在沙穴挖跳兔，邀金幼孜等大臣一起观看，"大如鼠，其头、目、毛色皆兔，爪、足则鼠，尾长，其端有毛，或黑或白，前足短，后足长，行则跳跃，性狡猾，犬不能获之"。

北征途中，地多野韭、沙葱，乃是塞外鲜味，军中采了食用。出征塞外时，气候寒冷，金幼孜等人为了避寒，常饮酒，食烤驴肉鹿肉。臣子能吃上的肉食，照理说皇帝必然也能吃到，可在军中，朱棣时常食素。至开平时，设宴款待将士，朱棣道："朕在塞外，久素食，非乏肉。但念士卒艰难，朕虽食之，岂能甘味？"

永乐十二年（1414），明成祖第二次北伐亲征，击败瓦剌部。永乐二十年（1422），朱棣第三次亲征，学士杨荣、金幼孜等从征沙漠，获赐米钞鞍马等物，参与军中事务。军情稍缓时，朱棣也召集群臣于御帐中，同饮美酒共吃肉。

出征之时，饮食简单，平日里朱棣的饮食也不是特别奢华。《南京光禄寺志》中，记录了永乐元年（1403）十月间朱棣的一份菜单："按酒四品，焚羊肉、清蒸鸡、椒醋鹅、烧猪肉、猪肉撺白汤。"

在明代皇室的各种宴席上，均可见按酒。如永乐二年（1404）定下规制，郊祀庆成，有宴席赐下，上桌按酒五盘、果子五盘、茶食五盘、烧煤五盘、汤三品、马肉饭、酒五钟。中桌按酒四盘、果子四盘、汤三品、双下馒头、马猪羊肉饭、酒五钟。随驾将军，按酒一盘、粉汤、双下馒头、猪肉饭、酒一钟。教坊司乐人按酒一盘、粉汤、双下馒头、酒一钟。

什么是按酒？

按酒，源自谐音"案酒"，很早就被用来指代下酒菜。南北朝《齐民要术》中记录腌制木瓜的方法时提到了按酒："欲啖者，截著热灰中，令萎焉，净洗，以苦酒、豉汁、蜜度之，可案酒食。"晋代陆机云，荇菜，"其白茎以苦酒浸之，肥美可案酒"，也就是用来下酒。

"按酒"一词则在宋代出现。宋人梅尧臣诗云："淮浦霜鳞更腴美，谁怜按酒敌庖羊。"此外还有"金盘按酒助杯香"之句。司马光则有"手摘青梅供按酒，何须一一具杯盘"之句。鲜鱼、庖羊、青梅，都可作为下酒菜。

今日中国个别省份，对于地方上办酒席的桌数与规模有详细规定，以免民间过分铺张浪费。早在元代，就有类似规定。至元七年（1270）四月，太原路奏报，本路人民嫁女娶妻，不考虑自己的经济能力，"或作夜筵，肴馔三二十道，按酒三二十棹，通宵不散"。整夜喝酒，不仅引发了很多斗殴官司，而且铺张浪费无度，朝廷遂规定此后只许白天办筵会，按酒数量也被控制。饮膳标准为："上户、中户不过三味，下户不过二味。"

元曲中多有按酒的描写，如《杨氏女杀狗劝夫》中："将羊背子来做按酒，快活吃。"羊背子在元代是高档食物了，被用来做下酒小菜，自然吃得快活。

元代《降桑椹蔡顺奉母》中描写了一个有趣的场景，时遇暮冬，天下大雪，象征国家祥瑞。蔡员外不惜资财，在映雪堂上安排酒肴，请与他一般的富豪长者赏雪饮酒，显示富贵奢华。早间夫人吩咐着兴儿，去买些新鲜的按酒，给了兴儿十两银子，着他买办。兴儿花了一小部分钱，将剩余的七两九钱八分半私吞了，也将按酒预备妥当了。

《水浒传》中，梁山好汉们不时豪饮，多见按酒描写。如："那妇人把前门上了闩，后门也关了，却搬些按酒、果品、菜蔬，入武松房里来，摆在桌子上。""少时，一托盘把上楼来，一樽蓝桥风月美酒，摆下菜蔬时新果品，按酒列几般，肥羊、嫩鸡、酿鹅、精肉，尽使朱红盘碟。宋江看了心中暗喜，自夸道，这般整齐肴馔，齐楚器皿，端的是好个江州。

我虽是犯罪远流到此，却也看了些真山真水。"

《西游记》第四十一回："你这猴头忒不通变，那唐僧与你做得师父，也与我做得按酒，你还思量要他哩，莫想莫想。"红孩儿的按酒，却是唐三藏的肉了。

《西湖三塔记》中，更有以人心为按酒的描写："只见两个力士捉一个后生，去了巾带，解开头发，缚在将军柱上，面前一个银盆，一把尖刀，霎时间把刀破开肚皮，取出心肝，呈上娘娘。惊得宣赞魂不附体，娘娘斟热酒，把心肝请宣赞吃，宣赞只推不饮。"

明代宫中，早晚不饮酒，前文永乐帝菜单上有按酒，乃是夜间的下酒菜了。到了永乐二十一年（1423）七月，朱棣领军三十万第四次亲征，金幼孜等扈从西征，赐羊酒等物。永乐二十二年（1424）四月初三，朱棣第五次亲征，回师途中，七月十八日，朱棣病逝于榆木川，太子朱高炽继位。

长子朱高炽当太子的时候，战战兢兢，他的两个弟弟，都是能力过人，野心勃勃，久经战阵，对帝位虎视眈眈。朱高炽虽被立为太子，但他太胖了，"体硕腰数围，不能骑射，且脚有残疾，性格又软弱"。

为了让儿子减肥，朱棣一度下令，削减朱高炽的饮食配额。太子朱高炽一贫如洗，靠着妹妹咸宁公主救济。朱棣特意指示，要"减削肉食"。当时有名负责朱高炽膳食的伊姓官员，大约是看他吃不饱、吃不好，偷偷从家中带些菜肴过来，给他解馋。朱棣知道后大怒，下令"缢其人"。

朱棣登基初期，自己坐镇北京，命太子朱高炽留守南京。永乐十八年（1420），朱高炽至南京谒见朱棣，带了厨子二十人随同，以烹制菜肴。一日，朱棣突然发出内批，指责朱高炽："典膳局厨子二十人，何为不奏？"将厨子二十人抓捕审讯。审讯后认为，朱高炽随身携带二十名厨子，并不触犯法条之类。光禄寺卿井泉、寺丞萧成上奏，请将这厨子二十人，划入光禄寺，自是东宫典膳缺厨役。

每日除了二餐，东宫没有任何供给，朱高炽即便索要茶水也不得。不久井泉、萧成又上奏，请派遣官员，至南京采办玉面狸，进入宫中，作为美食。朱棣大怒，叱之曰："我甫下诏，罢一切不急之贡，尔等小人，令我失大信于民耶。"御史借机发难，弹劾二人，朱棣决定严惩。奏折撰写者光禄寺署丞王鼎，与寺丞萧成一起被处死，井泉则被贬为民，永不叙用。

朱高炽带上二十名厨子，本是寻常的事情，朱棣借题发挥，敲打这个不为他所喜的儿子。朱棣必然考虑过，将这个胖儿子的太子之位废掉，所幸，朱高炽有个能干的妻子张氏。

张氏被立为太子妃后，"操女行甚谨，手庖爨供成祖、徐后膳，成祖、徐后皆喜"。张氏精于烹饪，可丈夫却吃不到妻子的拿手好菜，为了帮助朱高炽减肥，张氏一度让丈夫每日里只吃蔬菜和豆腐，但有一种人，喝水都能长胖，朱高炽也是此类。

一次朱棣与妻子徐皇后在宫内小宴，朱高炽、张氏在旁侍宴。朱棣看到胖儿子，心中不快，一顿大骂，骂完指着张氏道："如果你没有这个好老婆的话，早就把你废掉了。"张氏连忙拜谢，之后消失不见，不一会儿捧出一道亲手烹制的汤饼来。古代面食总称饼，汤饼即面条。朱棣吃了汤饼后，夸奖道："儿媳妇好，他日我家，她撑持。"有一个精明能干的媳妇辅佐胖儿子，朱棣也放心了好多，加上儿媳妇的一手好厨艺，巩固了他的地位。

当了皇帝后，朱高炽记着当年伊姓官员的膳食之恩，对伊家后人多有关照。王锜《寓圃杂记》载："金陵伊氏家丰裕，人亦谨厚。仁宗在青宫，屡取给于其家，伊氏绝口不与人言。"朱高炽登基后，提拔其子为营膳所官，朱高炽去世后，张太后追思往事，又提拔伊家后人为尚宝少卿。尚宝官虽为五品，但侍奉皇帝左右，掌宝玺、符牌、印章，"非勋旧之子不得居也"。

儿子宣德帝登基后，尊张氏为皇太后，孙子明英宗尊她为太皇太后，直到正统七年（1442）才去世。张氏能力卓著，宣德、正统二朝，靠着她稳定了局面，宣德帝临去世前，在遗诏中特意交代："大事白皇太后（张氏）。"后世认为，宣德、正统二朝能天下治平，张氏出力居多，"人称女中尧舜，信然"。

财色酒气万历帝

万历帝登基时，还不过十岁，由张居正辅政，同时教导他读书。对于张居正，他充满了敬意，以师礼待之。一次张居正生病，他亲手烹制了一碗椒汤面，赐给先生食用。万历六年（1578）十月，张居正患病，万历帝遣中官往视，"赐鲜猪一头、鲜羊一腔、甜酱瓜茄一坛、白米二石、酒十瓶"。君臣关系，看起来和美。

时人对小皇帝寄托了很多期望，期望他成为一个有为之君，开万世太平。可万历帝却不是安分之辈。张居正活着的时候，他就表现了好酒色的特征。万历五年（1577）十二月，张居正特意给万历帝讲《酒诰》（周公旦作，是中国最早的禁酒令），细数饮酒的危害，告诫他不可贪杯。

深宫中的万历帝，不是张居正所能完全控制，他沉溺于酒色之中不能自拔，以至于时常两眼发晕，腿脚乏力。酒鬼容易暴力，万历帝也是如此。万历八年（1580）十月，万历帝醉酒后，将一名宫女头发割下，又将两名宦官打得半死。

　　不但好女色，万历帝还喜男色，宫中有十俊，"给事御前，或承恩与上同卧起"。万历十八年（1590）时，他为自己辩护："说朕好酒，谁人不饮酒？""说朕好色，不过偏宠贵妃郑氏。"

　　好色贪杯之外，万历帝还贪财。万历七年（1579），万历帝曾向户部索要十万金，以备光禄寺御膳之用。张居正反对，又请皇帝节省一切无用之费。万历十年（1582），为了准备同母弟弟潞王朱翊镠的婚礼，万历帝索要"各色金三千八百六十九两，青红宝石八千七百颗，银十万两，珊瑚珍珠二万四千余颗"。户部官员认为要得太多，请裁去一二，万历帝不从。

　　万历十年六月二十日，张居正去世，此后几年，他的势力逐渐被清算，张家被查抄财产。张居正活着的时候，与皇太后形成联盟，对万历帝还能有所制约，此后再无人能制约他。万历帝以为，他可以为所欲为，但他低估了文官集团的强大。文官集团认为皇长子朱常洛，才是理所当然的太子，当万历帝想立三子朱常洵为太子时，遭到了文官集团的强烈反对。既然与文官集团的斗争无效，那就退而隐居深宫，消极罢工。

深居不出的万历帝，对美食有着更多更高的要求。万历年间面世的《事物绀珠》一书中，记录了万历帝喜爱的主食，米面品有捻尖馒头、八宝馒头等；御汤有豆汤、蜜汤、炒米汤、浆水、牛奶等；肉食有鹅、鸭、鸡、鱼、猪、羊等。

宦官在宫廷之中，不敢开伙，以免生出火灾。宦官的饮食都是在河边等处做好后，抬入宫中，用木炭温热再享用。宫女则自有厨房，饮食可以随时供应，于是宦官就与宫女搭档，共同吃饭，称为"对食"。有权势的太监饮食讲究，"凡煮饭之米，必拣簸整洁。而香油、甜酱、豆豉、酱油、醋，一应杂料，俱不惜重价，自外置办入也"。可以说，权势太监们多是美食家。被阉割的他们，若不再用美食补偿下自己，人生还有什么乐趣？

万历帝的御膳由太监提供，自司礼掌印大太监以下，轮日派值，常见大太监卖掉一座豪宅，以供皇帝美食之需。万历一朝，宫膳丰盛，为列朝所未有。万历十五年（1587）六月，光禄寺少卿谢杰上疏万历帝，弹劾尚膳监的浪费行为。尚膳监两次到东门，令商户"每日进凉粉二百块、酪二十瓶"，后来又不让进献物品，改为索取钱两，每月费银七十二两。平民之家，根本承受不起这种勒索，最终的命运就是逃亡。

光禄寺则负责提供宫中膳食所需的各种食材和调料。《宝日堂杂钞》中，详细记载了御膳所用食材和调料：

万历帝御膳供应，计有猪肉、驴肉、鸡、鹌鹑、鸽子、熏肉、鸡子、奶子（牛乳）等，此外有面、香油、白糖、黑糖、豆粉、芝麻、青绿豆、盐笋、核桃、绿笋、面筋、豆腐、腐衣、木耳、麻菇、香蕈、豆菜等，香料有茴香、杏仁、砂仁、花椒、胡椒、土碱等。

慈宁宫李太后的供应，有猪肉、鹅、鸡、鹌鹑、鸽子、驴肉、奶子等，由于李太后不吃羊肉，将羊肉、羊肚、羊肝折成猪肉。与万历帝相比，太后的膳食中，多了葡萄、蜂蜜、甜梅、柿饼之类，其他相差无几。

在明代宫廷之中，太后、皇帝、皇后、妃嫔等大人，吃奶子；至于儿女，则吃乳饼。奶子在明代宫中是极为珍稀的食物。朱元璋时期，在饮食上比较节俭，特意指示："亲王、妃既日支羊肉一斤，牛肉即兔，或兔支牛乳，膳亦甚俭。"

美食过度，又缺乏运动的万历帝，身躯肥硕，某次骑马时，还出了洋相，从马上跌落。朝鲜使臣许筬见过万历帝，描述道："今日臣等望见天威甚迩，龙颜壮大，语声铿锵。"

在文人的笔下，肥胖也成了壮大。接见完毕后，依照惯例，万历帝嘱咐光禄寺，"与他酒饭吃"。

长年沉溺于酒色之中，万历帝面目肿大，身体肥胖，举步维艰，脾气也更加暴戾。万历十四年（1586）时，有大臣指责皇帝"日夜纵酒作乐"。万历十七年（1589），大臣批评皇帝"病在酒气财色"。万历二十年（1592），大臣上奏，"陛下每夕必饮，每饮必醉，每醉必怒"，一言不合，就将左右杖毙。

幽居宫中，醉梦二十多年，万历帝需要一些东西来消耗精力，打发时间；需要一些新奇物件，消磨岁月。万历二十九年（1601），利玛窦到达北京，次日将包括两座自鸣钟、西洋琴在内的三十多件物品进贡到宫中。无聊至极的万历帝对自鸣钟爱若性命，甚至隐瞒太后，以免被横刀夺爱。到了第八天，自鸣钟突然不走了。万历帝以为钟坏掉了，心急如焚，急将利玛窦招进宫。利玛窦进宫后给钟重新上了弦，并教太监如何保养。后来万历帝又特意准许利玛窦每季度进宫一次检查钟，并传达口谕："他们可以放心住在京城里。"

万历四十八年（1620）七月二十一日，万历帝于宫中驾崩。他死后，将一座即将爆发的火山，留给了后世子孙，而大明王朝的气运，在他日久天长的懒政，在财色酒气之中消耗殆尽。

第六章

御馔特供素蔬茹

蔬食第一数箓笋

李渔在《闲情偶寄》中谈起饮食，认为蔬食之中，首推竹笋，为蔬食中第一品也，"肥羊嫩豕，何足比肩"。竹笋除了脆嫩鲜美，更有诸多有益身体之效。唐代孙思邈《千金要方》载："竹笋，味甘，微寒，无毒，主消渴，利水道，益气力，可久食。"

在中国历史上，吃笋的历史久远。《诗·大雅》中云："其肴为何？龟鳖鲜鱼；其蔌维何？维笋维蒲。"意思乃是，吃什么肉啊？龟鳖鲜鱼；吃什么菜啊？鲜笋嫩蒲。

汉代东方朔《神异经》中，描述了南方有一种巨竹，长数百丈，宽三丈，厚五六尺，乃至于可以当船使用。东方朔认为，此竹之笋极为甘美，食用了可以防止瘟疫之类疾病。东方朔的描述虽是传说，但也可见，汉代流行吃笋。西晋时期，晋武帝招待群臣，菜肴中就有笋。唐朝设有司竹监，掌植养园竹之事，每到嫩笋上来时，采摘了供宫食使用。唐代嫩笋初上时，价格昂贵，李商隐吃了嫩笋后，诗兴大发，云："嫩箨香苞初出林，于陵论价重如金。"

宋人喜食笋，认为笋嫩美清新，与肉食搭配，可以冲淡油腻。如李纲《食笋蕨》云："太官饱食厌膻腥，却喜沙阳有竹萌。山蕨迩来尤脆美，一杯聊试煮坡羹。"又如欧阳修《送慧勤归余杭》："南方精饮食，菌笋比羔羊。饭以玉粒粳，调之甘露浆。"

苏轼曾云"宁可食无肉，不可居无竹"，这却是东坡先生的违心话了。东坡先生是个大美食家，最爱大快朵颐，创制出了红烧肉。竹笋虽然鲜嫩，但性寡淡，要配上肉类才能调和滋味。面对着漫山的竹笋，口水四溢的东坡先生，若无肉配笋，如何安居呢？

食笋，常与鹅、鸭、鸡这样的家禽联系在一起。"笋芽鹅炙殊可口，明月清风不着钱""肥鸡绿笋皆出雌"，乃是将嫩笋与老鹅、肥母鸡一起烹饪了。宋代宫廷御膳中，还有一道"鲜笋炒鹌子"，鹌子，即鹌鹑。

到了明代，宫中所尚珍味之中，就有笋类。明代宫中所用的笋来自各地，有江南蒿笋、武当鹰嘴笋之类。笋还被制成酸笋、糟笋等开胃小菜，进贡入宫。

糟笋的制作，选大冬笋五十个，不去皮，用布拭干净。用盐三十斤，在开水中化开，将冬笋浸入三天，再取出晒干，放入盆内，用糟五斤，以盐拌匀，糟好冬笋后放入坛内，用泥密封，到了夏季开坛食用。每年四月初，从南京起运糟笋，送往京师尚膳监。每年送往京师的糟笋有一百二十八坛，用船五只。

李时珍云："酸笋，出粤南。"《海槎录》云："笋大如臂。摘至用沸汤泡去苦水，投冷井水中，浸二三日取出，缕如丝绳，醋煮可食。"好事者携酸笋入京师，极受追捧。此等美食，宫中自然不能少。就宫中吃酸笋，明代皇甫汸诗云："中官玉食四方来，酸笋香螺杂豹胎。"

蒿笋只见于江苏江阴到丹阳之间的沿江区域，过了此段，则不见蒿笋，故而称江南蒿笋。蒿笋藏于芦苇之中，初春时长出，苏轼诗中有"蓼茸蒿笋试春盘，人间有味是清欢"之句，即指此物。

明代在武当山设有镇守太监一员，辖区为均州等处，管理武当山香火，办理鹰嘴笋等物入京进贡。在明代，武当山乃是皇室的家庙。按照道教的说法，东青龙、西白虎，北方的守护神是真武大帝，自然以真武大帝作为保护神。传真武大帝最初在武当山修炼，功成升天，镇守北方。永乐帝在帝位争夺中胜出后，决意在武当山大兴土木，重建庙宇，以奉祀真武大帝。在永乐帝主持之下，工匠二十余万，在武当山修建宫观三十六处，耗时十二年。永乐十二年（1414），武当山工程完工。

菉笋，也即绿笋，绿通菉。菉笋脆嫩鲜美、清甜可口，是暑天的佳肴。笋是江南各省贡品中的一项，"江南例贡鲥鱼、天鹅、鹚、鸧、梅、枇杷、笋、榴、柿、柑、橘、蔗、荸荠、姜、芋、藕、香稻、苜蓿等项"。光禄寺一年菉笋的供应量为："菉笋八万四千斤，每斤价银陆分。"其中如浙江菉笋一万四千斤，江西菉笋一万三千斤，广东菉笋一万三千斤，湖广菉笋一万三千斤，四川菉笋两千斤等。

每年各地进贡的时鲜，如鲥鱼、笋、藕、枇杷、杨梅之类，赐给文武大臣及日讲官，各以品级为等。崇祯帝比较节省，所用膳食，除鲥鱼、冬笋、橙橘之外，其他能就近采购者，均不让上贡。

明代《礼部志稿》中记录，凡奉先殿供荐物品，如子鹅、鲜笋、梅子、雪梨、茭白、橙子、柑子、橘子、甘蔗等，俱由南京太常寺预进，北京太常寺收受，奏送光禄寺供荐，岁以为常。宗庙每月都有荐新物品，如正月韭菜、生菜，二月芹菜、姜菜，三月茶、笋、鲤鱼等。时鲜物品送到京师后，"先荐宗庙，然后进御"，现世的皇帝，仍要让位于老祖宗。

明代宫廷饮食讲究时令，作为时鲜的笋，也在三四月时出现在宫廷的餐桌上。明代宫中，三月吃烧笋鹅，吃凉糕，四月吃笋鸡，吃白煮猪肉。冬十一月，吃糟腌猪蹄尾、鹅肫掌、炙羊肉、羊肉包、匾食。待冬笋上市后，光禄寺不惜重金购入，以供皇室。

明代宫中烹制有笋鸡脯。以童子鸡的鸡脯肉，去除筋瓣，薄切成片，笋同样薄切成片，再用开水将笋片焯熟。烹制时，待油五六成熟，下鸡片快炒，再下笋片及调料，加鲜汤些许，至汤汁被笋片、鸡脯吸收后，出锅装盘。鸡脯鲜嫩，笋片滑爽，口感清新，乃是一道让人食欲大开的下饭菜。至于笋鸡的烹制方法，与笋鸡脯类似，以热油下鸡块、笋块快炒。不同之处在于，笋鸡脯是将鸡肉、嫩笋切成片，笋鸡则是将鸡、笋切成块。

笋鸡脯有名，以至于安徽定远地方上，将雏鸡、雏鸭称为笋鸡、笋鸭，取其嫩也。《白雪遗音》中云："虾米拌素菜、黄瓜拌面筋、油炸笋鸡、蒜拌海蜇皮。"此处的油炸笋鸡，应是雏鸡了。

今日江南一带吃小馄饨时，配上些许豆腐丝、笋丝、紫菜，加上肉油，却是极佳小吃。《金瓶梅》第七十六回中，吃小馄饨时，也与今日类似。"不一时，拿了一方盒菜蔬来。西门庆吩咐春梅：'把肉鲊拆上几丝鸡肉，加上酸笋、韭菜，和成一大碗香喷喷馄饨汤来。'"

不但皇室普遍食用笋，就是宫中的太监、侍卫、匠人也有笋可食。如御用监官匠等，餐标是饭食两桌，每桌供应："猪肉二十二斤，鸡二只，菉笋二斤，香油八两，花椒二钱，胡椒一钱。每桌每日共银七钱一分六厘三毫七丝五忽。每月共银廿两七钱七分四厘八毫七丝五忽。"

竹笋清味，鲜美莫比，人世俗肠，也能容真味。南京人食鲥鱼，以鲜笋衬垫，加葱椒酒酱蒸之，则味道更美。袁宗道食过鱼笋，作诗云："竹笋真如土，江鱼不论钱。百年容我饱，万事让人先。"袁中道则云："坐砚北楼下食素，市中有牛乳及冬笋，皆伊铺中佳具也。"

笋的制作方式多样，除了上述的糟笋、酸笋，将嫩笋制成笋脯，可以长期保存。笋脯以鲜笋加盐煮熟，晾晒烘干即可。笋脯入味且有嚼劲，口感如同吃肉，故而在素宴中常被使用。佛教传入中国之后，梁武帝就曾以笋脯面牲[1]，作为礼佛的祭品。

宋人黄庭坚是好吃之人，走遍各地，寻觅美食，对于吃笋也是自有心得。一次黄庭坚吃笋之后，苏东坡作诗唱和云："多生味蠹简，食笋乃余债。"元丰四年（1081），谪居黄州时，苏东坡写便笺，邀请黄州通判孟亨之来吃饭。信中东坡云，"今日斋素，食麦饭、笋脯有余味，意谓不减刍豢[2]"。

黄庭坚一生，宠辱不惊，淡然自若。十八岁的黄庭坚入京师赴试时，放榜后风传他得了进士。于是众人置酒，为他庆祝。就在欢饮沸腾时，仆人从门外冲入哭呼，考上者却是另外三人，并无黄庭坚。一起欢饮的众人有的离去，有的安慰黄庭坚，黄庭坚饮酒自若，毫无异色。被贬黔州时，亲友以为他去荒芜之地，必九死一生，悲伤不已。黄庭坚则波澜不惊，卧床酣睡，鼾声如雷。至年迈之时，他仍然是豪气万千，"荆州沙尾，水涨一丈，堤上泥深一尺，山谷老人病起，须发尽白"。此等豪情，与东坡先生的潇洒，并列千古了。

---

1 面牲：用面粉制成的牛羊等祭品。

2 刍豢：指牛羊猪狗之类的家畜，泛指肉类食物。

到了明代，多见食用笋脯的记录。倪瓒与旧友相聚时，"笋脯松醪三日醉，西山在望已醒然"。徐渭一生潦倒不得意，曾有友人馈赠笋脯一小筐。在盛产笋脯的绍兴，这并不是特别珍贵的礼物，可徐渭心情大快，"晨觞急十斝，笋脯美辽参"。徐渭老年，在贫病之中度过，藏书被分散卖光，凄风冷雨中，旷世奇才，死于稻草上。

　　江西人华守默晚年修炼浮屠教，曾至太仓游历，目睹了昙阳子羽化升仙，回去之后，开始修炼。华守默深居禅观，每日仅进一粥，以笋脯作为菜羹。《徐霞客游记》有多处记录，当徐霞客要出发时，朋友以笋脯相赠。之所以赠送笋脯，因为它能长期保存，适合长途旅行者。笋脯虽然是寻常物，但也是一片心意，徐霞客不得不入城买帖作谢束，寻觅良久，才买到谢束，却是笋脯累人了。

东海扬帆采石花

　　写明代的宫廷饮食，必须感谢一名太监——刘若愚。刘若愚生于万历十二年（1584），南直隶定远人。十六岁时，刘若愚受异梦感染，自己动手，施了宫刑。万历二十九年（1601），他被选入宫中。崇祯二年（1629），因为牵涉魏忠贤一案，刘若愚入狱，被处斩监候。在狱中，刘若愚效法司马迁，著书详述自己在宫中的见闻，最终写成《酌中志》。

　　刘若愚记载："素蔬则滇南之鸡坳，五台之天花、羊肚菜、鸡腿、银盘等麻菇，东海之石花、海白菜、龙须、海带、鹿角、紫菜。"

　　石花菜，又名海冻菜、凤尾等，通体透明，犹如胶冻，口感爽脆。有清肺化痰、清热燥湿，滋阴降火功效，并有解暑作用。元代《饮食须知》

载："石花菜，味甘咸，性大寒滑，有寒积人食之，令腹痛，多食弱阳，发下部虚寒。"

石花菜以形状而得名。郭璞《江赋》中有"玉珧海月，土肉石华"，谢灵运有"扬帆采石华，挂席拾海月"之说。石华即此石花菜。《临海志》云："石华附石，肉可啖。"石花菜生南海沙石之间，高二三寸，状如珊瑚，有红白二色枝，其上有细齿，以滚水冲泡，去掉砂屑，以姜醋调味，口感脆嫩。还有一种稍粗的石花菜，长得类似鸡爪，称"鸡脚菜"，味道更佳。

石花菜久浸之后，化成胶冻。旧时广州装潢书画时，为了避免霉蛀，不用面浆，以石花菜化成胶膏，黏裱后书画可长久保存，无霉蛀之患，高档装潢多用之，只是价格略贵。

万历年间，宫中太监敲诈宫外商铺，让每日进献凉粉二百块，拖累商家颇多。明代的凉粉，即以石花菜制作而成。凉粉，又名冻粉，古人称为冻琼脂。制法其实很简单：将石花菜加水放锅中煮烂，置冷水中凝结一小时后即成。食时伴以薄荷水、白糖，清凉无比。在炎热的夏季，将石花菜煮溶，凝冻为凉粉，加薄荷、糖、冰块等，乃古时最好的消暑食物。

海白菜，又名海菠菜、海莴苣，藻体碧绿，富含大量矿物质和维生素，口味鲜美。海白菜口感与海带类似，古人常误认为是海带。"海带似海藻而粗，俗呼曰海白菜"，但二者有明显的区别，海白菜短、肉厚、色绿。

海带，又称昆布，在中国很早就被食用。汉扬雄《方言笺疏》中记录了一种竹制工具"筭子"，此工具可以用来煮昆布（海带），淡化咸味。唐《千金宝要》云，治理瘿病之类，可以选用"昆布二两，洗切如指大，酢渍含咽，汁尽愈"。古人认为，昆布味咸寒，无毒，对水肿、瘰瘤、结气、瘘疮生等具有一定疗效。

至于为何将海带称为昆布，约是海带与古时的一种布料昆布类似。智颤，也称天台大师，乃是天台宗创始人，俗家姓陈，在陈、隋时期，广布佛法。永阳王陈伯智，乃是陈文帝第十二子。陈伯智拜智颤为师，一次派遣使者，邀请大师来宣讲佛法，同时以礼物馈赠，其中就有昆布，"是物陋仄"，适合佛教徒修行。

紫菜在今日是寻常食物，餐桌上来一碗紫菜汤，开胃化食。南北朝《齐民要术》中云："紫菜，吴都海边诸山悉生。"《证类本草》云："紫菜，附石生海上，正青，取干之，则紫色，南海有之。"

紫菜，在唐宋及明代，乃是贡品。唐代海州东海郡，土贡绫、楚布、紫菜。福建长乐海滨，所产紫菜纤细味美。五代时，此地的紫菜乃是贡品，闽王下令禁止民众开采，同时勒石宣告。宋代《三山志》载，"鹿角菜，崇宁四年，定岁贡二十斤，宣和七年罢。紫菜，崇宁四年，定岁贡二十斤，宣和七年罢"。宋代三山地方上所进贡的鹿角菜、紫菜等，到了明代仍是贡物。至于三山地方所进贡的鹿角菜，生长在东南海中石崖间，长三四寸，色紫黄。当地人采摘晾晒后，运往各地销售。吃鹿角菜时，先以水洗，加醋拌食，鹿角菜胀起如新，味极滑美。但若久浸，则化如胶状，云女人以此梳发，黏而不乱。

宋代福建特产主要有银鱼、紫菜、荔枝、蛎房。绍兴八年（1138），黄公度取状元，陈俊卿中榜眼，同时谒帝。皇帝问道："乡土有何奇？"黄公度对曰："子鱼、紫菜、荔枝、蛎房。"陈俊卿则对曰："地瘦栽松柏，家贫子读书。"帝曰："黄不如卿。"改陈为状元，黄为榜眼。

明代时，浙江定海、奉象一带，贫民以海为生，荡小舟至海中陈钱、下八山等小岛采取紫菜者，数以万计。取紫菜者常以网梭船深入大海。此船形如梭，竹桅布帆，仅可容二人冲风冒浪，乃渔船之至小者也。每岁倭寇入侵时，去取紫菜的民众有被杀者，有被掳夺为向导者。浙江沿海，当日旷远萧条，居民无法防御，是故倭寇得以深入。

石花菜、紫菜之类，在小说中多有描述。《西游记》第五十四回中，女王设宴款待唐三藏，摆下了素宴。宴席开动之后，"那八戒那管好歹，放开肚子，只情吃起。也不管甚么玉屑、米饭、蒸饼、糖糕、蘑菇、香蕈、笋芽、木耳、黄花菜、石花菜、紫菜、蔓菁、芋头、萝菔、山药、黄精，一骨辣嗤了个罄尽"。

明代《浣纱记》中，对于紫菜等海蔬也有描述："那里有你这等没规矩的汉子，不识羞的婆娘，一些礼体也没有，怎么拜见钱也不送一个。你是绍兴人，土宜最多，紫菜、蚶子，拣跳海也送些与我。"绍兴土产虽多，但不会每个人出门，都携带紫菜之类，作为礼物相赠。

紫菜在日本被称为"海苔"。其实海苔之名，中国古即有之。汉代《汉武洞冥记》中记录："结海苔为衣。"晋王嘉《拾遗记》："南人以海苔为纸，其理纵横斜侧，因以为名。"宋陈造云："盘餐要是随宜饱，略具油葱市海苔。"

到了今日，人们所食用的海苔，都是精挑细选，经过高温蒸压，去水烘烤后调味而成。市场上售卖的海苔，包装精美，一小袋之中，不过薄薄几片，价格昂贵，让人吃了颇不过瘾。

乳饼鲍螺当啜茶

乳饼，又名乳腐或干酪，以牛乳为原料制作而成。

汉扬雄《长杨赋》："驱橐驼，烧煤蠡。"后世注解云："煤蠡，干酪也，以为酪母。"南北朝《齐民要术》中有做干酪法。乳酪制成后，能保存数年不坏，可供远行。食用乳酪时，细削入水中煮沸，便有酪味。乳饼也是祭祀所用，晋卢谌《祭法》曰："夏祠别用乳饼，冬祠用环饼也。"

宋代乳饼的食用，已经普及。《东京梦华录》载："都城卖稠饧、麦糕、乳粥、酪乳饼之类最盛。"乳饼耐保存，在宋代是军粮之一。曾公亮《武经总要》中记录，马步兵行军时，可携带干酪随行。

乳饼于宋人是常见食物，乳饼的养生功效，也被宋人认识到。宋代陈直《寿亲养老新书》中就认为，牛乳最宜老人，平补血脉，益心，长肌肉，令人身体康强润泽，面目光悦，心志不衰。为人子者，必须常供之，此物胜肉远矣。

乳饼也可以入药。宋代有一人食芹菜，忽患腹胀而痛，医曰"蛟龙子生芹菜上"，用糖、粳米、杏仁、乳饼煮粥，食之三升，日三服，吐下蛟龙子。宋太宗也好食生芹，日久腹痛，召太医治之，想必也以乳饼入药了。

泸州安抚王补之，赠送黄庭坚"酒、醋、蜀纸、珍珠粉、乳饼"。黄庭坚品尝之后，认为此间的酒味薄，甚至酸涩，民间的酒虽然能喝，"不免少村气耳"。对于乳饼，他认为极佳，且较容易买到，但缺点是多入米容易酸。

乳饼原本就是蒙古人的日常饮食，蒙古人南下后，还将乳饼传到了云南，至今犹是滇地特产。元代杨允孚诗云："营盘风软净无沙，乳饼羊酥当啜茶。底事燕支山下女，生平马上惯琵琶。"乳饼羊酥，胡女琵琶，大漠风沙，成了当日文人的笔下常景。宋时有踏歌的风俗，宋亡后，虽在蒙古人统治下，仍保持了踏歌的习俗。袁桷诗云："干酪瓶争挈，生盐斗可提。日斜看不足，蹋舞共扶携。"带着乳饼，就着生盐粒，可以踏歌彻夜。

有明一代，瓦剌部是明王朝的大敌。瓦剌部每次入寇，一人带三马，轮流更替，以革囊盛干酪为粮，不带辎重，来去如风，莫能把握。朱元璋虽然曾颁布命令，要革去蒙古习俗，可乳饼却不是蒙古人的专利，它很早就在中原地区流行，在明代也是广受欢迎。

倪瓒喜欢发明各种新鲜食法，以求鲜美。他用春菜心少留叶，每棵切作二段，入碗内。将厚乳饼切片，盖满菜上。以花椒末于手心揉碎撒上，以醇酒入盐少许，浇满碗中，上笼蒸，菜熟烂啖之。

刘若愚《酌中志》中记录了明代宫廷的诸多小吃，如猪肉包、蒸饼、乳饼、奶皮等。十月初一颁历，初四，宫眷内臣换穿纻丝，吃炮羊肉、炒羊肚、麻辣兔、虎眼等，此外还吃牛乳、乳饼、奶皮、奶窝、酥糕、鲍螺等，直至春二月。明代由直隶等地提供乳牛，供宫中制作乳制品。《大明会典》中载："凡乳牛原额，该兵部坐派直隶等处解纳一百九十九只，挤乳造办酥油、乳饼等物，充供养膳羞等用。"到了嘉靖五年（1526），奏准每头牛折银六两，贮库买办奶子、酥油、乳饼应用。

朱棣迁都北京后，在南京光禄寺仍然保留了乳牸牛若干只，挤乳制作乳饼。迁都之后多年，虽皇室不在金陵，可乳牛仍然保留，乳饼仍然制作，只是不知被谁享用了。到了嘉靖年间，大臣胡世宁上奏询问："不知谁敢享用于此，而牛只犹如昔日之多？"至于每年南京郊庙大祭，用牛犊几头，"臣等皆不能知"。此事是笔糊涂账，且历时过长，难以追查，最后也不了了之。

乳饼是滋补身体之物，看望病人、产妇时，常用此作为礼品。《西游记》第四十八回中，"那场雪纷纷洒洒，果如剪玉飞绵。师徒们叹玩多时，只见陈家老者着两个僮仆扫开道路，又两个送出热汤洗面。须臾又送滚茶、乳饼，又抬出炭火，俱到厢房"。唐僧师徒一起吃乳饼，可见出家人不吃荤，却不禁食乳饼。

明代苏州地方上，流行吃乳饼。光福附近，凡农家喂养乳牛，用刍豆精心饲养，以取牛乳。牛乳取出后，加工成乳饼，可以带到远方，作为馈赠礼品。精心加工的乳饼，则称为"酥"，又称"泡螺、酥膏、酥花"，这就是明代宫廷中所流行的"鲍螺"。

鲍螺是将奶酪与蔗糖煎熬后，用模子加工成螺形。早在宋代《武林旧事》中，就有"滴酥鲍螺"的记载。制作鲍螺，乃是将牛乳发酵后，煮成奶渣，分离出奶油，再加入蜂蜜或蔗糖，待凝结之后，如同今日糕点师制作花样一般，边挤边旋转，即成为螺状。

"红烛烧残出鲍螺，轻盈值让一铢多。"《金瓶梅》中对鲍螺有较多描写。一次月姐派人送来了两盒点心，其中"一盒是酥油泡螺"。应伯爵先抢了一个吃，又让温秀才吃，云："吃了牙老重生，抽胎换骨。眼见稀奇物，胜活十年人。"温秀才呷在口内，入口即化。

蹭吃专家应伯爵，一次见来安儿后边拿了几碟果食，"内有一碟酥油泡螺，又一碟黑黑的团儿，用橘叶裹着。伯爵拈将起来，闻着喷鼻香，吃到口犹如饧蜜，细甜美味，不知甚物。可也亏他，上头纹溜，就像螺蛳儿一般，粉红、纯白两样儿"。由应伯爵的解释，可见在明代鲍螺也是珍稀之物，颜色有粉红、纯白之类，入口即化，适合老年人食用。

明代张岱曾养了一头牛，每夜取牛乳置于盆中，精心钻研，发明制作各种乳制品。张岱将自己的乳制品制法公开，与大家分享。苏州过小拙有秘法制作"带骨鲍螺"，和以蔗浆，熬之、滤之、钻之、掇之、印之，被称为天下至味。"带骨鲍螺"的制法极为机密，深锁于房中，虽父子不轻传，让张岱耿耿于怀。

到了清代，乳饼、鲍螺也是宫廷中日常食物，皇帝常将乳饼、鲍螺之类，赏给臣子，作为笼络。如雍正六年（1728）

七月二十四日，鄂尔泰获赐玲珑囊花牙球一盒，果干糊条共一匣，乳饼酥食共一匣，莲心茶一瓶。

香料之王数胡椒

饕餮之欲的追求，不死不休。味蕾的刺激，美食的诱惑，让一些来自偏远地域的香料，出现在中国人的餐桌上。

在胡椒、辣椒传入前，中国人对辣味的认识，是以"辛"来表达的。《吕氏春秋》中载："调和之事，必以甘、酸、苦、辛、咸。"在胡椒、辣椒传入中国之前，花椒、姜、茱萸是民间使用的主要辛辣味调料，称"三香"。

花椒是三香之首，也是最早使用的辛辣调料，屈原《九歌》中记载了花椒泡醋的饮食习俗。三国时陆玑《诗疏》中载，蜀人作茶，吴人作茗时，都要放花椒煮饮。姜的使用，历史悠远，《吕氏春秋》中载"阳朴之姜"。茱萸中有小白点者，被蜀人称为"艾子"。汉晋时期蜀人将艾子捣碎后取汁烹调菜肴，味道辛辣。宋代四川人喝酒时，以"艾子"一粒投入，顿时香满盂盏。

花椒、姜、茱萸味道虽辛，辣味与胡椒相比却还有不足。

胡椒原产印度、东南亚，其传入中国的具体时间已不可考。

在晋代的《博物志》中就有胡椒酒的制作方法，可见其传入中国不会晚于晋代。胡椒传入时，被视为良药。葛洪则在《肘后备急方》中记载："孙真人治霍乱，以胡椒三四十粒，以饮吞之。"这却是良药辣口了。

胡椒分为黑胡椒、白胡椒，将采下的胡椒鲜果堆在一起发酵，或用滚水浸泡数分钟后，使其颜色发黑，晒干即为黑胡椒。将摘下的胡椒鲜果放在布袋中，置于流水中浸泡几日，使外皮腐烂，再用清水冲去果皮，晒干后即为白胡椒。干胡椒磨成粉，即胡椒粉。

胡椒输入中国后，其浓郁的香味，醇厚的辣劲，让中国人的味蕾立刻跳跃起来。

胡椒在中国古代属于奢侈品。唐代胡椒被视为珍稀药材，只有在"胡盘肉食"中才使用胡椒。权臣元载失势，被抄没家产时，"得胡椒九百石"。

宋元时期，胡椒依赖于进口，价格昂贵，专属于上层社会使用。南宋绍兴二十六年（1156），三佛齐国一次进贡胡椒万斤。元代马可·波罗在游记中记载杭州每日所用胡椒四十四担，每担价值二百二十三镑。

当中世纪的欧洲人用胡椒烹制大块肉时，却不知东方的清雅之士，正将漂洋过海而来的胡椒，演绎出了多种充满格调的食用方法。可以在茶中来点胡椒，茶香混合胡椒香缭绕弥漫，后世的茶叶蛋，约莫是由此发展而出。胡椒也可煮酒，甜酒辣香，别有风味。胡椒是身份及有品位的生活的象征，士人或土豪出门，身上都要沾些雅尝胡椒后留下的香味。今日阿拉伯的王子们，据说身上会喷种类似胡椒的香水，却不知千年前中国人已过上这种有品质的生活。

至明代，通过朝贡贸易，中国获得了所需的各类物品，其中就包括胡椒等香料。由于明王朝"厚往薄来"的政策，各国来华朝贡，基本上能获得较高利润，故而对此十分积极。虽然明王朝规定三年一贡或一年一贡，为利润所吸引，各国还是频繁派遣使团来华朝贡，进行贸易。

朝贡物品中，香料占据了相当份额。如洪武十一年（1378），彭亨国贡物中有胡椒两千斤，苏木四千斤等。洪武十五年（1382），爪哇贡物有胡椒七万五千斤。来华贡使团还可以携带私人物品，这部分物品，或由朝廷作价收购，或在市场上进行贸易。一百斤胡椒在苏门答腊不过银一两，运到中国后能卖到二十两的高价。如此巨大的利润，吸引着各国使团来华。

永乐初年，有海外船只来华朝贡，船上携带有胡椒，与民众进行贸易，所得颇丰。有官员向永乐帝进言，可以对其征税，以充国库。朱棣却道："商税者，国家以抑逐末之民，岂以为利。今夷人慕义远来，乃侵其利，所得几何，而亏大体多矣。"在朱棣看来，对国内的商人征税，一是为了重农，二是为了打击商旅。至于来华的朝贡使团，应重视的是义，而不是利，故而无须征税。

对于各朝贡国，大明王朝扮演了主宰者的角色，在必要的时候会干涉其内政。苏门答腊国出产胡椒，与中国有较多往来。苏门答腊国所用的度量单位秤一播，抵中国官秤三百二十斤，价银钱二十个，重银六两。永乐十一年（1413），苏门答腊国内一度发生政变，派人往中国求援。永乐帝遂命郑和等率官兵出海，生擒伪王。永乐十三年（1415）郑和归国，将苏门答腊国伪王献于阙下。

由于各国频繁来华进贡，导致国库之中香料堆积如山，朝廷将香料或赏赐给臣子，或折支官俸。如洪武十二年（1379），在京文武官，折俸钞，俱给胡椒、苏木。胡椒每斤淮钞十六贯，苏木每斤八贯。宣德九年（1434），令以胡椒、苏木折两京文武官俸钞。胡椒每斤淮钞一千贯，苏木每斤五十贯。

以香料来发工资，对朝廷是笔划算的买卖。一来可以清理掉堆积如山的香料，二来以高价折算香料，再发工资，无比划算。香料除了被用来发工资，也是皇帝给臣下的必备赏赐物。如永乐二十二年（1424），分别赏赐给汉王、赵王、晋王各胡椒五千斤、苏木五千斤。明仁宗朱高炽登基之后，对老臣夏靖的相助之功很是感激。特意赏赐给他钞万缗，御用米二十石，胡椒二百斤，"公感知遇之厚，鞠躬小心，靡或不尽"。

明初胡椒与人参、燕窝等价，官商之间，一斤胡椒，成为迎来送往的厚礼。胡椒身价昂贵时，甚至可以抵价给朝廷，缴纳田赋。胡椒与白银、布帛一样成为硬通货，而胡椒的保值特征，使它仍被权贵之家囤积。

宁王朱宸濠谋反时，密令手下设计敛财，以充军费。其敛财手段，除了买卖假货、侵夺田产、发放高利贷，还贩卖私盐、胡椒等物品。太监钱宁深得正德帝朱厚照宠爱，却暗中与宁王朱宸濠沟通，收取钱财，泄露中枢情报。钱宁又收受各地官员钱财无数。至宁王事败之后，钱宁也被捕下狱，经刑部审理后处死。钱宁被查抄的家产中，就有"胡椒三千五百担"。胡椒三千五百担，足与唐代元载一较高下了。

至明代后期，在一些沿海城市，朝廷放松了控制，使香料贸易合法化，同时征以重税，弥补国库虚空。福建漳州香料遍布，以至于"香尘载道，玉屑盈衢"。在华的传教士利玛窦就观察到，胡椒等物品是由他国进口的，随着进口数量增多，价格也在不断下跌。各国朝贡使团频繁来华，朝贡贸易不断，香料积压甚多。一些有头脑者把握机遇，将香料由贵族推向平民，靠着广大平民消费而致富。此时胡椒被普遍食用，不但宫廷、官吏阶层食用，在一般平民中也普遍食用。

在明人看来，胡椒具有药用价值，可以治愈疾病。《本草纲目》认为胡椒："实气，味辛，大温，无毒。"李时珍罗列了一堆胡椒的药用价值，如治疗霍乱、牙痛、心腹痛、冷气上冲等，甚至可以壮肾气。时人也惊讶地发现，西北地区的人，却不大使用胡椒这类辛热物品。当时人分析认为，南方虽热，但空气比较湿润，使用辛热类的物品可以去湿。西北虽然寒冷，但气候干燥，"辛热食药，却能助燥"，故而较少使用胡椒、姜、桂等。

在明代，大量胡椒的涌入，使得昔日的香料之王，走向了民间，成为日常家居之物。明代在各类食材之中，普遍使用胡椒。因辣椒要到晚明方才引入中国，而辣椒的普及，则要到清代了。此时能刺激味蕾的，主要还是胡椒。乃至于，炒一只鸡，烧一碗汤，也会大方地撒上一把胡椒。胡椒入菜，入口时，辛香之外，更有浑身一抖的畅快感。直至今日，食物中使用胡椒，给人的感觉也是如此。

四月分食不落夹

"慈宁宫里佛龛崇，瑶水珠灯照碧空。四月虔供不落夹，内官催办小油红。"

每年四月初四，宫眷内臣换穿纱衣，朝廷赐京官扇子，此后设席赏芍药花。到了四月初八，则吃不落夹。

不落夹是民间为庆祝释迦牟尼的生日，于每年的农历四月初八必吃的小吃。此风俗逐渐传到了宫中。每到四月八日，宫中英华殿佛像前供大不落夹二百对，小不落夹三百对。一些较小的宫殿，供大不落夹三十对，小不落夹五十对。

供佛完毕，朝廷以不落夹等物，在午门前招待群臣。永乐年间定下标准，四月初八赐宴，上桌按酒两盘、不落夹一碟、凉糕（即小不落夹）

一碟、小点心一碟、菜四色、汤一碗、酒三钟。中桌按酒两盘、不落夹一碟、凉糕一碟、小点心一碟、菜四色、汤二碗、酒六钟。入席时，阁部级别的大臣单坐，其余官员双坐。

嘉靖朝之前，四月初八赐"不落夹"给百官，乃是常例。嘉靖十四年（1535），嘉靖帝"厌其名不驯"，令内阁考证后加以处置。嘉靖帝是个虔诚的道教徒，以修仙为人生终极目标，岂能容忍佛教的节日祭祀出现在宫廷之中。

内阁大学士夏言考证后，认为孟夏用麦饼，有实际依据，四月初八供不落夹及赐百官者，乃是从佛教发展而来，于礼无据，应当革去。《礼记》中载，四月麦先熟，"以荐寝庙"，据此将四月初八的供不落夹废除，改为四月初五祭祀宗庙，供奉麦饼。四月初五当日，"荐新麦于内殿，赐百官麦饼"。

不落夹有大小之分。据刘若愚记录，大不落夹"用苇叶方包糯米，长可三四寸，阔一寸，味与粽同也"。清代王棠云："四月初八，用白面调蔬品，摊桐叶上，合叶蒸食，名不落英。"端午节时，医官张天民曾在湖广荣王府获赐不落夹，吃了之后，觉得没什么稀奇，乃至错认为不落夹即粽子。

明代费宏记录，吃不落夹是从乌饭中发展而出。民俗以四月初八为浴佛日，采木叶染米，蒸为乌饭，彼此相赠。费宏是江西人，离乡十余年，不曾食乌饭，再食之时，却动了乡愁。但费宏的记录有误，乌饭与不落夹并不是同一种食物。

明代宫廷祭祀时，乌饭、不落夹、粽子作为不同的食物被供奉。每岁立春、正旦、四月初八、端午、七夕、中秋、重阳、冬至、腊八等节，南京奉先殿祭祀，各用猪一头、羊一只，另有酒果、春饼、乌饭、不落夹、粽糕、馒头等物，俱夜献。所用物品中，由上元、江宁二县办乌饭叶、粽叶；全椒县办不落夹。由此可以看出，乌饭叶、粽叶、不落夹之间，是有着明确区分的。

大不落夹用苇叶或桐叶，包裹糯米、蔬菜而食，小不落夹则相当于蒸糕。

小不落夹，也称糕糜、不落饭、艾窝窝等。艾窝窝乃是北京著名小吃，孔尚任云："艾浸水和粳为块，蒸食，曰艾糕，又曰艾窝窝。"艾窝窝是明代宫廷中常见的食物，因为皇帝喜欢吃，故称"御爱窝窝"。到了民间，则将"御"字去掉，称为"爱窝窝"或"艾窝窝"。

明清两代的艾窝窝，是有馅儿的。北京城内的小茶馆有卖艾窝窝者，以糯米粉制成，状如元宵，中有糖馅，蒸熟后在外裹上薄糁，其上做一凹孔，故名"艾窝窝"。《金瓶梅》中有多处艾窝窝的描写："只见他姑娘家使个小厮安童，盒子里盛着四块黄米面枣儿糕，两块糖，几十个艾窝窝""妇

人与了他一块糖、十个艾窝窝，方才出门，不在话下"。至
于田间劳动者所食的窝窝，则以杂粮面制成，大的有斤许，
其下也有一窝，也即后日所食的窝窝了。

　　小不落夹之外，各个时令节日，宫中都要吃各种面食。
如立春吃春饼，正月十五吃元宵、圆子，九月重阳吃糕，腊
月初八吃腊面等。至皇帝万寿节、太后圣诞、皇后令诞、太
子千秋，均有寿面赐给朝中大臣。

　　万历二年（1574）五月八日，万历小皇帝在文华殿上完
课后，听说张居正腹痛，就亲手调制了碗辣面给先生吃，又
让次辅吕调阳陪吃一碗。辣面口感如何，不得而知，明代宫
中，面食却是极大丰富。《事物绀珠》记载了万历年间宫廷
中的五十余种面食，主要有各色馒头、花卷、蒸饼、面条、
烧饼、花饼、茶食、馓子等。从琳琅满目的面食也可以看出，
到了明代中后期，宫廷中以面食为主食，南方的大米则处于
陪衬地位。

　　在所列的五十余种面食中，还有一道比较独特的"清风
饭"。"御厨分得清风饭，半饷提缸浸冷泉。"唐宝历元年（825）
在宫中出现清风饭，用水晶饭、龙睛粉、龙脑末、牛酪浆，
调好放入金提缸，垂下冰池，待其冷透后食用，"惟大暑方作"。

　　在给皇帝讲完课后，皇帝照例要请先生们吃酒饭的，其

中有茶食、馓子等美食。经筵酒饭，每桌细茶食四碟、馓子一碟、果子五碟、按酒五盘、点心一碟、攒菜一碟、汤三品、菜四色、饭一分、酒六钟。日讲酒饭，每桌按酒五盘、汤三品、菜四色、饭一分、酒五钟，随桌酒一瓶。

茶食者，即在茶中加各种料。明代宫中茶食，有红玛瑙茶食、夹银茶食、夹线茶食、金银茶食、白玛瑙茶食、糖钹儿酥茶食、白钹儿酥茶食、夹糖茶食、透糖茶食、云子茶食、酥子茶食、糖麻叶茶食、白麻叶茶食等。茶食加了料之后，既能饮，也能吃。如《金瓶梅》中："月娘在后边打发两个姑子吃了些茶食""不一时，月桂安排茶食与薛嫂吃了"。一说认为，茶食是茶与点心、糖果的总称，但在明代，茶食与点心、糖果之类，是并列的，并非总称。

馓子在明代是一种较为常见的面食，南北均食用。明代金陵有七妙，如酱菜腌得可照面，饭粒饱满得可打地基，馄饨汤清得可研墨，饼皮薄得可映字，面条可当绳结使用，醋甜得可作酒饮，"寒具嚼着惊动十里人"。寒具即馓子，市上售卖者颇多。南京美食多，在南京的士人自然精于美食，扬言称："天下诸福，惟吴越口福。"

有大臣制作得一手好饼，进而大拍皇帝马屁。丘濬是景泰年间的进士，弘治帝即位后，曾任礼部尚书，兼文渊阁大学士。丘濬制作了一种饼，极为皇帝所喜。将糯米淘净，制成米粉，以米粉二分，白面二分，搅拌成团，制成饼，饼中夹馅烧熟，软腻适口。

丘濬将饼献给皇帝，皇帝食后大喜，命尚膳监也仿制。结果尚膳监制出的饼，皇帝吃后不满意。无奈之下，尚膳监派了太监去找丘濬，请教制饼秘方，此老却秘不告人。太监无奈，叹曰："以饮食、服饰、车马、器用进上取宠，此吾等内臣供奉之职，非宰相事也。"由是京师将此饼取名"阁老饼"。

五色芝与龙涎香

道教自张道陵开创之后，产生了系列理论。道教也产生了系列修仙之术，以求凡人通过修炼，能进入仙道，得享永生。在修仙之路上，香料是道教不可或缺的重要物品。道教罗列了十大名香，以为"斋醮"之用。斋，即从饮食上着手，以求达到身体的洁净，一些口味较重的食物为道教所摒弃。至于"醮"，则是供奉祭祀神仙。

为了追求修仙，在饮食上自然要下大功夫，吃素是不二选择。嘉靖帝每月必有十几天吃斋，最初由尚膳监操办素食，但不为所喜。后来嘉靖帝将素食交给亲信太监去办理，所进素食，由"荤血清汁和剂以进，上始甘之"。对太监而言，为皇帝办理素食，也是瘦自家钱袋的痛苦事，可皇帝需要，怎能不办呢？

为了追求成仙，嘉靖帝时常吃"麒麟脯""五色芝"之类。"大官不进麒麟脯，御馔唯供五色芝"，描述了嘉靖帝在西苑修仙吃素的场景。

什么是麒麟脯？东方朔《神异经》曰："北方有冰万里，厚百丈，有鼷鼠在冰下，食冰下草水，肉重万斤，可以作脯。"由此看来，麒麟脯不过是鼷鼠肉。但在后世，麒麟脯却被引申开来，成为一种神仙食物。

晋代葛洪《神仙传》中，神仙王远至蔡经家，请了麻姑来一起吃饭。当日餐桌上有"擘脯"，即麒麟脯。宴罢，王远、麻姑，升天而去。此段故事，引发了后世无数诗篇，若"人间或有麒麟脯，那得麻姑鸟爪来"之类，而麒麟脯也成了神仙食物。汉时又有刘晨、阮肇入天台山采药，于深山中迷路，见二女，邀至家中，以胡麻饭、麒麟脯招待，结为夫妇。过了一月，二人出山回家，却已历百余年，子孙已七世。

麒麟脯是个传说，五色芝却有其物，乃是菌类一种，产于山间。明代何良俊有诗云："寻山每跨千年鹿，采药常逢五色芝。"明代罗钦顺诗云："能将捧日排云手，尽采山中五色芝。"据说方士在山中，树木堆积于潮湿之处，用药附在上面，即生五色芝。

嘉靖中年，陕西王金以五色芝进贡，此后嘉靖帝迷恋上了此物，派遣御史，巡行天下，采五色芝。如嘉靖三十五年（1556）八月，嘉靖帝特派专人到龙虎、三茅、齐云等道教名山，采集五色芝。为了迎合皇帝，各省均有五色芝进贡，如浙江总督胡宗宪所进贡的五色芝，每本高有尺许者。再如嘉靖三十六年（1557），河南巡按御史昭进五色芝二十八本。嘉靖帝得了五色芝，食用之外，也用来炼制仙丹。嘉靖三十七年（1558）十月，礼部将各地进献的"瑞芝"一起进上，共一千八百六十本，嘉靖帝交给道士修炼仙丹。

徐阶在与严嵩的政治斗争中，一度失败，侥幸得以保存下来。严嵩则随时准备打击徐阶，徐阶的对策就是装怂，拼命交好严嵩，同时暗中行贿严嵩左右，请帮说好话，弥补关系，还将自己的孙女嫁给严嵩的孙子做妾，又到江西购买房产，成为严嵩老乡，在内阁中唯严嵩马首是瞻。徐阶日夜苦心，总算让严嵩放松了警惕，很多人都嘲讽徐阶，不过是严嵩一小妾耳。徐阶也通过各种途径，加深自己在嘉靖帝心中的印象，其中最好的办法就是炼丹修仙。

一次嘉靖帝将进贡来的五色芝分给严嵩，让他按照药方，炼成丹药之后进上。嘉靖帝还对徐阶道："爱卿你负责具体政务，就不要管这些琐碎事了。"徐阶抗议道"人臣之义，孰有过于保天子万年者"，主动请求参与炼丹。嘉靖帝大受感动，此后让徐阶参与了修炼长生不老药的活动。徐阶的隐忍与奉承，使严嵩放松了警惕，最终严嵩被徐阶斗败。

嘉靖帝登基之后频繁进行各类宗教活动。这些宗教活动，既有为公的一面，如祈雨，祭告天地、社稷、山川之神。更有着为私的一面，即为自己祈福延寿，多得子嗣。嘉靖帝能继承皇位，就是因为正德帝没有儿子，他才能以藩王入继大统。嘉靖当了皇帝后，很长时间没有子嗣，内心的焦虑，无法言表，就想通过斋醮，求神灵保佑，以期得到子嗣。为了感动上苍，嘉靖帝挥霍千金，在所不惜，"每一举醮，无论他费，即赤金亦至数千两"。

《儒林外史》中写道："隐隐听见鸿胪寺唱排班净鞭响了三下，内官一队队捧出金炉，焚了龙涎香。宫女们持了宫扇簇拥着天子升了宝座。"小说家笔下，皇帝只是上朝时焚龙涎香。可在历史上，皇帝对龙涎香的热衷，可不止于此。在明代，因为嘉靖帝对龙涎香尤其热衷，曾倾举国之力，在四海之内搜罗，生出无数是非，耗费民脂民膏。

梁材，字大用，南京金吾右卫人，弘治十二年（1499）进士。梁材多年在地方上任职，任布政使时，曾被称为"天下布政使廉名最著者"。嘉靖六年（1527），梁材执掌户部，经理条画，国用充足。梁材屡与权贵对抗，在京不得志，一度被下令致仕。后嘉靖念及梁材廉勤，加上大臣中多有推荐者，再次加以起用。嘉靖十八年（1539），梁材再出仕，执掌户部，一度被嘉靖夸奖："安得十二尚书，人皆如材。"

到了嘉靖朝中期之后，嘉靖帝日益崇信道教，陷入其中不能自拔。他需要大量的龙涎香，从事道教的道场仪式活动，也就是所谓的"斋醮"。

嘉靖命户部采购龙涎香，梁材对此却并不上心，只是下令各地官员寻访，若遇到有货，即加以采购，不必特别费心。梁材又称，会典之中，并无采用龙涎香的记录，其潜台词自然就是，使用龙涎香不合于礼。嘉靖帝知道后，破口大骂："梁材欺怠，不以朝廷之用为急，存无上心，岂人臣耶。"

嘉靖帝此时已深深迷恋龙涎香，恨不能一口气将天下所有龙涎香收来。对于梁材的消极怠工，大为不满，指责梁材沽名误事，将其去职闲住。梁材去职之后，返回原籍，不久即去世，年七十一岁。看着龙颜不悦，继任的户部尚书孙应奎不敢再怠慢，立刻表示，已下令各地官员，限定期限，进贡龙涎香，若有怠慢，则分别点名予以处分。

这皇帝要龙涎香，把官场折腾得鸡飞狗跳。有些清廉的官员，则被借故清理出去。如王杲，他是个刚直不阿的官员，屡屡得罪权贵。在采购龙涎香时不肯卖力，被官场上的政敌以办理龙涎香不卖力的罪名陷害，"逮下诏狱，谪戍雷州，卒于贬所"。

嘉靖二十九年（1550）秋，蒙古俺答汗进犯古北口、蓟镇，明军一战兵溃，京师戒严。在花费重金，送走了这尊大神后，嘉靖三十年（1551），嘉靖皇帝下令："命户部进银五万为内供，购龙涎香。" 这些采购的龙涎香，被用于太庙之中的祭祀，一方面祈求祖宗保佑，早日消灭鞑虏，另一方面则祈求保佑皇帝早登仙道。

就这样忙了十几年，可所得的龙涎香还是不够皇帝使用。嘉靖帝想起当年梁材取笑他的话语"载籍不纪"，不由愤而大骂，如果没有记录，《永乐大典》是假的吗？在《永乐大典》所征的诸多书籍中，自然有关于龙涎香的记载。在诡辩方面，嘉靖帝倒是有一点点头脑。梁材说的是《大明会典》，而皇帝说的是汇编天下书籍的《永乐大典》。

嘉靖三十四年（1555）五月，嘉靖帝命户部派出官员，前往沿海各通番地方，也就是与外商贸易的地方，设法访求龙涎香。皇帝着急要买龙涎香，派出官员四处寻觅，却给一些人行骗创造了机会。麻城人吴尚尧诈称是寻觅龙涎香的专员，并伪造了文书，跑去云南行骗。云南地方大员无不拜服，纷纷馈赠厚礼给吴尚尧。甚至坐镇一方的黔国公，也厚赂之。此事因闹得太大而被揭露，吴尚尧被抓捕归案，处以斩刑。

此年嘉靖帝狮子大开口，令户部采购龙涎香百斤。户部行文广东，悬赏每斤价银一千二百两，仅买到了十一两。送入宫中鉴定，却又是假货。此年五月，由于"访采龙涎香十余年尚未获"，嘉靖帝脑子一转，命户部派出官员，到沿海各地与洋人接触，看看能否买到龙涎香。此番指示，是"设法访进"，语气虽缓和，却不能掩盖皇帝的急切。

特派员至广州后，探听到关在大牢里的一名葡萄牙囚犯，储有龙涎香一两三钱，就紧急征用了，进献给皇帝。京城来的特派员，四处寻觅龙涎香，在澳门的葡萄牙人也得到了消息。利用手中控制的龙涎香，葡萄牙人在与大明官员交涉时，获得了主动权。葡萄牙人用龙涎香作为筹码，将被关押在广东的葡萄牙人，给解救了出来。

后来葡萄牙人回忆道，"我与几个葡萄牙人曾到布政使衙门，商讨释放几名被捕在狱的葡萄牙人，为此我们带去了二盎司多龙涎香……许久以来，他们（广东官员）向葡萄牙人求索此物，但他们不知道我们如何称呼龙涎香，直到前一年（1555）广东海道释放了一个葡萄牙人，得到少许（一两三钱）后，才知道龙涎香在我们语言中的称谓"。

不久又有山夷献出六两白褐色龙涎香。仔细询问之后，才明白黑色的龙涎香是采自海上，白色的来自山上，两者均是真品。之后不知从何处，又采购到十七两二钱五分。这批龙涎香，被送入宫中鉴定，均为真品。由于皇帝急需，导致了龙涎香价格暴涨。此后来华贸易的外国商船上，多带有龙涎香，一两价百金。

嘉靖三十六年（1557）七月，福建地方上官员，进贡龙涎香十六两，广东地方进贡十九两有奇。此前嘉靖帝派遣主事王建，至福建、广东采购龙涎香，却一无所得。王建到沿海跑了一次，开了眼界，就建议，今后凡要进入沿海城市进行贸易的外国船只，必须先投纳龙涎香，方准交易买卖。此建议一上，户部深以为然，立刻在沿海推行。

经过二十多年忙碌，到了嘉靖四十年（1561），宫内所积存的龙涎香，有了二十余斤。看着这些龙涎香，嘉靖帝是心花怒放，既可以用来祭祀，又可以日常使用。长生不老梦的追求，就落在了这些龙涎香上。可美梦易醒，嘉靖四十年，一把大火，将嘉靖帝多年苦心搜罗来的龙涎香，烧了个干干净净。

早在嘉靖二十一年（1542）之后，嘉靖帝就搬出乾清宫，住进了永寿宫，一住二十年。至于弄来的各种珍稀宝物，也被他藏在了永寿宫。嘉靖四十年（1561）冬十一月二十五日夜，永寿宫突然燃起大火，宫内所有物品都被焚烧一空。当夜，嘉靖帝与新宠的尚美人在貂帐中试放小烟火，结果引起火灾，事后嘉靖帝宠幸尚美人如故。至于被烧掉的物品，除了龙涎香，其他的嘉靖帝都不心痛，到底龙涎香千金难买啊！

龙涎香被烧光后，嘉靖帝又逼迫户部设法采购。户部还是老法子，派人到福建、广东去采购，又严令商人，手中的龙涎香一律不得抬高价格，以平价卖给官方。虽然采购龙涎香没有进展，不过所采购的沉香、海香，各有二百斤，其他各类杂香也甚多。

到了嘉靖四十年（1561）八月，户部尚书高耀，进上自己采购的龙涎香八两。嘉靖帝看了大喜，赏给他银七百六十两，并夸奖他办事用心，与以往的梁材大为不同，又加封他为太子少保。高耀的龙涎香是怎么来的，却有不可告人的秘密。原来在去年大火时，宫中有人趁火打劫，偷偷弄了些龙涎香。此番嘉靖帝索要甚急，"耀阴使人以重价购之"。时人感叹："盖内外之相为欺蔽。"羊毛还是出在羊身上。

嘉靖四十四年（1565），眼看着嘉靖帝马上要过六十大寿了，需要大量使用龙涎香。可大火过后，四年以来，户部寻访龙涎香，只不过得了三四斤。此年二月七日，嘉靖帝教训内阁道："龙涎香是常有之物，你们务必用心寻访。不要与梁材一般，只会推脱说世上无此物。"又对首相徐阶道："龙涎香是时常可以买到的，高耀前几年所进的分量不多，朕尚给他加恩，你可要多加努力啊！"

皇帝这一开口，徐阶自然紧张，立刻表态，要请广东、福建的官员千方百计采购。嘉靖帝看了这个表态，很是满意，又再三警告："尔毋效梁材诽慢。"

虽然嘉靖帝再三严令，要求采购龙涎香，可最终所得甚少，"所进龙涎香仅数十两"。龙涎香是山川菏泽，自然所成，如此迫切追求，却是违背自然之道。虽然是天子之需，赏以天价，终究人却不能胜天。

嘉靖四十四年（1565）八月初八，是皇帝的万寿圣节，斋醮于朝天宫三昼夜。此番大会，嘉靖帝所用的龙涎香，恐怕应是不少。

嘉靖帝之后，万历帝对于龙涎香，照样追捧。万历二十九年（1601），王林亨在广东时，广州官府库中，备有龙涎香数两，以备征用。结果被矿税使得知，全部征走，进呈皇帝使用。王林亨道："余闻是香气腥，殊不可近，有言媚药中，此为第一者。"这句话，道出了皇帝追求龙涎香的真相。

后记

前几年，因为出版的关系，认识了老段。老段是资深出版人，在出版的选题上有很多自己的想法。去年开始，老段与我多次沟通，探讨选题，老段提出的一个选题《朕的舌尖》，吸引了我。

就美食类文化产品，如书籍、视频而言，在当下的中国有着极大的市场。可与日本相比，中国的美食类文化产品，仍然落后太多，缺乏好的文本是其中一个重要原因。《朕的舌尖》这个选题，它以历史中的宫廷美食为主，而宫廷美食则是中国传统社会饮食的集大成者，它既是美食，也是历史。最终我接受了老段的邀请，开始了写作。

这个选题，是作为一套书来写作，写作先

从清代写起，再倒溯到明代、元代、宋代、唐代等。年代越往上，则写作难度相对也越大。虽然宫廷美食琳琅满目，但有系统档案保留下来，且可资写作的，只有清代。其他各朝各代，宫廷美食的记录散布在各种文献、笔记之中，需要大量的时间去加以整合。就明代宫廷饮食的写作而言，有关记载分散在各种著述之中，可由一斑而窥全豹，虽记录有限，从中也可反映明代宫廷饮食的状况。

明代宫廷饮食这本书的写作过程是愉快的，翻看各种典籍给了我很多感悟。宫廷的食物，每一道背后都有不为人知的故事。本书写作之中，以御膳为主，同时又跳出来，讲述皇帝的性格、皇帝的口味，将美食与人物、与时代联系在一起，希望能给读者朋友们呈现生动的明代宫廷美食史。

写作本书时，各种事务缠身，每周必由苏州去湖州一次。来往于江南水乡，回顾往昔各种饮食，却是别有感慨。明代宫廷饮食，既具西北风情，又由于明代皇帝来自南方的缘故，保存了大量的南方元素。各种江南美食，经由大运河，千里送往京师。

美食之中，贯穿了南北，更联通着古今。如明代皇帝所喜饮的金盆露美酒，迄今在丽水山中，仍秉持着古法酿造。再如鱼鲊，这种食物今日已不多见，可在湖南的一些地区，仍保留着以红曲、米粉酿制鱼鲊的习俗。再如海参、鲍鱼这些海鲜的食用，今人的吃法与古人无异。

写作过程中，对于很多古代食物与今日的关系，有所迷惑，一些美食的记录，如铁脚皮之类，遍翻典籍，也寻不到答案。写作过程中，曾与李茁、傅小昕、费卫东等朋友做了多番交谈。他们对中国传统美食有广泛了解，足迹行遍各地，遍尝美食，于本书的写作有很多启发，在此表示谢意。

就明清两代宫廷美食的研究，20世纪80年代至今，已取得了一定的研究成果，但这些成果基本上是集中于食物之上，并未融入历史。本书将历史与美食融合，也是小小突破。限于水平，文拙用愧，书中难免有不足之处，还请读者朋友们包涵。也希望此后写作如元代、宋代、唐代的宫廷美食时，能有更多的突破，能给读者朋友们展现更多精彩的美食与历史。

袁灿兴

2018.10.1 于苏州